물리법칙의 특성

The Character of Physical Law
by Richard P. Feynman

물리법칙의 특성

파인만의, 일반인을 위한 최초이자 마지막 물리학 강의

리처드 파인만 지음 | 안동완 옮김

FEYNMAN'S THE CHARACTER OF PHYSICAL LAW

해나무

차례

| 일러두기 |

저자가 이탤릭체로 강조한 부분은 본문에서 중고딕체로 표기했다.

머리말

과학사가들에게는 중요한 과학혁명을 숙고하는 것이 즐거운 일이다. 각각의 혁명은 이른바 일군의 천재들과 함께 등장한다. 남자든 여자든 천재들은 그들의 기술과 상상력을 통해 과학계가 낡은 구습을 버리고 새롭고 낯선 개념들을 받아들이게 만든다. 많은 사람들이 천재를 연구했다. 반면에 연구 스타일이라 불릴 수 있는 것의 중요성에 대해서는 큰 관심이 기울여지지 않았다. 어쨌든 연구 스타일의 변화는 전통적인 천재만큼이나 과학의 진전에 커다란 영향을 미친다.

리처드 파인만은 천재이며 또한 관습을 좇지 않는 스타일이었다. 그는 1918년에 태어났기 때문에 20세기 초 삼십 년 동안 있었던 물리학의 황금시기에 참여할 수 없었다. 그 황금시기는 상대성 이론과 양자역학의 두 혁명을 통해 우리의 세계관을 바꿔놓았다. 이 획기적인 발전은 우리가 오늘날 '새 물리학'이라고 부르는 체계의 기초가 되었다. 파인만은 이 기초 위에서 시작하여 새 물리학의 첫 번째 층을 건설하는 데 기여했다. 그는 물리학의 거의 모든 주제에 이바지하였고 물리학자들의 사고 방식에 많은 영향을 주었다.

파인만은 처음에는 입자물리학에서, 특히 양자전기역학 또는 QEDQuantum Electro-Dynamics라고 부르는 분야에서 명성을 떨쳤다. 양자 이론은 실제로 다음과 같은 문제로부터 시작되었다. 1900년 막스 플랑크는 지금까지 파동으로 보았던 빛과 전자기 복사가, 물질과 상호작용하는 에너지 덩어리 또는 '양자'라고 생각해야 한다고 제안했다. 이 특별한 양자는 광자로 알려지게 되었다. 1930년 초까지 새 양자역학의 개척자들은 광자의 방출과 흡수를 전자와 같은 전기를 띤 알갱이들로 기술하는 수학적 정식화를 완성해냈다. 이 초기 QED 정식화는 부분적으로 성공을 거두었지만, 그 이론에는 분명한 결점이 있었다. 그래서 젊은 파인만은 1940년대 후반에 일관적인 QED 이론을 만들어내는 것에 관심을 기울였다.

QED를 튼튼한 기반 위에 올려놓기 위해서는 양자역학의 원리뿐만 아니라 특수상대성 이론의 원리와도 모순되지 않는 이론을 만들 필요가 있었다. 이 두 이론은 각자 고유한 수학적 연산과 복잡한 방정식 체계들을 수반하는데, 실제로 이 둘을 조화시킴으로써 만족스러운 QED 정식화에 도달할 수 있었다. 이것이 파인만과 동시대인들의 접근 방식이었다. 그러나 파인만 자신은 문제를 근본적으로 다른 방식으로 생각했다—그는 전혀 다른 방법을 썼기 때문에 수학을 동원하지 않고 즉시 해답을 내놓기도 했다.

이 비범한 직관력을 발휘하여 파인만은 아직도 그의 이름이 붙어 있는 간단한 도표 체계를 창안하였다. 파인만 도표들은 상징적이지만 전자, 광자 그리고 다른 알갱이들이 상호작용할 때 어떤 일이 일어나는가를 효과적으로 명확하게 그림으로 보여주는 방법이다. 오늘날에는 그 방법이 계산에서 의례적으로 쓰는 도구가 되었지만, 1950년대 초에는 그 방법이 전통적인 과학 방법으로부터의 결별을 알리는 신호탄이 되었다.

QED의 특별한 기술적 문제는 물리학 발전에서의 획기적인 사건임에도 불구하고 파인만의 독특한 스타일의 한 예로 간주된다. 그 스타일은 세계대전 후 물리학계에 널리 퍼져 많은 중요한 진보가 일어나도록 하였다.

이 파인만 스타일은 전수된 지혜에 대한 존중과 경멸의 결합으로 가장 잘 설명할 수 있을 것이다. 물리학은 엄밀한 과학이다. 그리고 기존의 지식 체계는 불완전할지라도 그대로 무시할 수는 없다. 파인만은 매우 어린 나이에 기존의 물리학 원리들을 철저히 받아들였고, 거의 예외 없이 전통적인 문제들에 매달렸다. 그는 물리학의 변방에 고립되어 일하다가 우연히 새로운 것을 발견한 그런 종류의 천재는 아니다. 그의 특별한 재능은 특유의 방법으로 본질적 주류의 논제에 접근하는 것이었다. 이것은 이미 있는 형식을 피하고 그 자신만의 독특한 직관적인 접근법을 개발하는 것을 뜻한다. 대부분의 이론물리학자들은 생소한 영역에서 그들을 지켜주는 버팀목과 길잡이를 얻기 위해 수학적 계산에 매달리는 데 반해 파인만의 태도는 거침이 없다.

파인만의 태도는 엄격한 형식주의에 대한 건전한 경멸일 뿐 아니라 사유와 의사소통에 있어서도 진실로 비형식적이었다. 이런 스타일로 일하기 위해 필요한 천재의 깊이를 알리기는 어렵다. 이론물리학은 인간의 가장 힘든 작업 가운데 하나로서, 일반적으로 눈에 보이지 않는 미묘하고 추상적인 개념들과, 전체를 조망하는 것이 불가능한 기술적 복잡성을 결합시키는 일이다. 수학적이고 개념적인 훈련의 최고 경지에 이르러야만 물리학자들은 진보를 이룰 수 있다. 하지만 파인만은 이러한 훈련의 엄격한 규칙을 무시하는 것처럼 보였고, 다 익은 과일과 같은 새로운 결과를 앎의 나무에서 따는 것처럼 보인다.

파인만 스타일은 상당히 개성적이다. 그는 직업생활에서나 개인생활에서나 삶을 매우 재미있는 놀이처럼 다룬 것 같다. 물리적 우주는 그에게 매혹적인 일련의 수수께끼와 도전들을 제공했고, 그의 사회생활도 그러했다. 평생 장난꾸러기였던 파인만은, 재미없는 수학적 형식주의에 대하여 그가 보였던 것과 같은 경멸로 권위와 학문적 체제를 대하였다. 그는 단 한 번도 비합리적인 일을 용인하지 않았고, 규칙들이 임의적이거나 불합리함을 알았을 때마다 그것을 깨뜨렸다. 그의 자서전 속에는 전쟁 중에 원자폭탄 안전요원들을 지혜롭게 속인 재미있는 이야기, 금고를 연이야기, 난폭한 행동으로 여자들을 무력화시킨 이야기 등이 실려 있다. 그는 QED에 대한 업적으로 수상하게 된 노벨상도 별다른 감회 없이 대했다.

형식주의에 대한 이 같은 경멸에 더하여 파인만은 기이하고 모호한 것에 매혹되었다. 많은 이들은 중앙 아시아에 있는 투바라는 오랫동안 잃어버린 나라에 대한 그의 집념을 기억할 것이다. 1988년 세상을 떠나기 직전에 찍은 기록 필름 속에는 투바에 열렬히 사로잡혀 있는 파인만의 모습이 담겨 있다. 그가 좋아했던 다른 일들은 봉고(작은 드럼의 하나—옮긴이) 연주하기, 그림 그리기, 스트립 클럽에 가기, 그리고 마야 문자 해독하기 등이었다.

파인만을 최고의 과학 전달자로 만든 것은 그가 삶 일반에, 특히 물리학에 자유롭게 접근했기 때문이라는 것은 의심할 여지가 없다. 그는 그가 일했던 캘리포니아 공과대학(칼텍)에서 박사과정 학생을 지도하거나 정규 강의를 할 시간이 거의 없었다. 그럼에도 불구하고 그는 기회가 오면 번득이는 재치와 꿰뚫는 통찰력, 그리고 탐구를 향한 열정을 멋진 강의를 통해 펼쳐냈다.

1960년대 중반 파인만은 뉴욕 주의 코넬 대학으로부터 물리 법칙의 특성에 관한 일련의 대중 강의를 요청받았다. 그 강의는 BBC 텔레비전으로 방영되었고 뒤에 책으로 출간되었다. 나는 1960년대 말 젊은 학생 시절에 그 책을 읽었고 그 강의에 사로잡혔다. 내게 가장 인상적이었던 것은, 파인만이 수학적 혹은 전문적 용어를 거의 사용하지 않고 가장 일상적인 말로 심오한 물리

개념을 효과적으로 설명한다는 사실이었다. 그는 부수적이거나 관련이 적은 세부 사항들 때문에 논의가 모호해지는 것을 피하면서 사건의 핵심을 일상적인 예나 적절한 비유로 드러내는 재주를 가지고 있었다. 과학자로서의 생애 내내 나는 에너지 보존법칙을 젖은 수건으로 몸을 말리는 상황에 비유한 그의 뛰어난 설명을 생생하게 상기했다.

이 강의에 담긴 주제들은 현대 물리학을 포괄할 의도로 선택된 것은 아니다. 주제들을 선택한 기준은 오히려 물리 이론의 핵심에 존재하는 문제와 수수께끼에 대한 파인만 자신의 시각이다. 모든 물리학은 법칙 개념에, 즉 우리가 합리적인 추론을 적용하여 이해할 수 있는 질서 정연한 우주 속에 살고 있다는 믿음에 근거를 두고 있다. 그러나 물리학의 법칙들은 우리가 자연을 직접 관측할 때 투명하게 드러나지 않는다. 그것들은 숨겨져 있고, 우리가 연구하는 현상들 속에 미묘하게 암호화되어 있다.

물리학에서 가장 잘 알려진 법칙은 파인만이 첫 강의에서 논하는 뉴턴의 중력법칙이다. 다른 대부분의 법칙들은 물질의 알갱이들이 서로 어떻게 작용하는가를 기술하는 자연의 여러 힘들에 대해 말해준다. 그런데 자연에는 소수의 힘들만이 있다. 파인만 자신은 과학사 속에서, 약한 핵력이 원자를 이루는 입자의 행동에 미치는 영향과 관련된 새로운 물리학의 법칙을 발견한 소수의 과학자 가운데 하나로서 상당한 영예를 차지했다.

고에너지 입자물리학은 거대한 가속기와 끊임없이 새롭게 발견되는 원자의 수많은 입자들로 파인만 시대 물리학을 주도했다. 파인만의 연구는 주로 이 모험을 향해 있었다. 입자물리학자들이 공유했던 주요한 주제는 원자를 이루는 입자들의 집합 속에 질서를 부여할 대칭성과 보존법칙의 역할이었다. 코넬 대학에서 강의한 내용의 대부분은 입자 영역에서의 추상적 대칭성과 보존법칙들의 지위에 대한 것이었다. 비록 1960년대 이후 입자물리학은 극적으로 발전했지만, 그 강의는 여전히 빛이 바래지 않았다.

대칭성에 대한 파인만의 흥미와 멋지게 대조를 이루는 것은 비대칭성에 대한 그의 강의로서, 이른바 시간의 화살표 문제이다. 그가 이 주제에 관심을 갖기 시작한 것은 2차 세계대전의 혼란 중에 존 휠러의 지도를 받아 박사학위 논문을 쓸 때였다. 원래 문제는 이론 속에서 과거와 미래가 대칭적으로 등장하는 전기역학 이론을 만들려는 시도와 관련되어 있었다. 이것이 파인만이 처음으로 전기역학에 손을 댄 것이었다. 그는 훗날 QED 연구를 완성하여 노벨상을 받게 된다. 그러나 시간의 화살표 문제는 본질적으로 풀리지 않은 채 이론물리학자들의 마음에 과제로 남아 있다. 이 책에 들어 있는 시간 문제의 본질에 대한 파인만의 대가다운 해설은 이 멋진 주제에 대한 고전적 견해로 남아 있다.

이 책에서 논의된 생각들은 어떤 관점으로 평가하더라도 철학적으로 심오하다. 파인만은 아직까지도 계속 철학자들의 의심을 받고 있다. 한번은 내가 수학과 물리법칙의 본성에 관해서, 그리고 추상적인 수학적 법칙들이 플라톤적인 독자적 존재를 가질 수 있는지에 관해서 파인만과 논쟁을 할 기회가 있었다. 그는 그것이 왜 참인 듯한지를 활기 있고 능숙하게 설명했지만, 내가 그를 특정한 철학적 입장으로 옭아매려 하자 곧바로 자신의 입장을 취소했다. 내가 환원주의와 관련해서 그를 공격했을 때 역시 그는 같은 반응을 보였다. 돌이켜보면 파인만이 철학 문제들을 경멸했던 것은 아니라고 나는 믿는다. 다만 그는 체계적인 수학 없이 훌륭하게 수리물리학을 할 수 있었던 것과 마찬가지로, 체계적인 철학 없이 훌륭한 철학적 식견들을 생산했다. 그가 싫어한 것은 형식주의였지 내용이 아니었다.

이 세상에 또 한 명의 리처드 파인만이 태어날 것 같지는 않다. 그는 진정 그의 시대의 산물이었다. 파인만 스타일은 과학혁명을 공고히 하고 혁명의 결과들을 탐색하는 과정에 잘 어울렸다. 전후의 물리학은 기초가 확고하고 이론적 구조가 성숙되어 있지만, 여전히 개척할 것들이 남아 있다. 파인만의 스타일은 한 세대의 과학자들에게 많은 영감을 주었다. 내가 아는 한 이 책은 신바람을 돋우는 파인만의 영감이 살아 움직이는 최고의 기록이다.

폴 데이비스•

애들레이드, 1992

• Paul Davies. 1946년 런던에서 태어났으며, 뉴캐슬 대학에서 이론물리학 교수와 애들레이드 대학에서 수리물리 및 자연철학 교수를 역임하였다. 기초물리학과 우주과학을 다룬 여러 권의 대중 과학도서를 펴내 세계적으로 명성을 떨쳤다.

1 중력법칙, 물리법칙의 한 예

드물게나마 내가 봉고를 연주하러 공식적인 무대에 오르면, 이상하게도 사회자들은 내가 이론물리학 교수라는 사실을 말할 필요성을 느끼지 못하는 것처럼 보인다. 아마도 우리가 과학보다 예술을 더 존중하기 때문이라고 나는 믿는다. 르네상스 시대의 예술가들은 인간의 주된 관심사는 인간이어야 한다고 말했지만, 이 세상에는 다른 흥미로운 것들이 다양하게 존재한다. 예술가들 역시 해가 지는 장면과 대양의 파도와 하늘을 가로지르는 별들의 운동을 눈여겨본다. 그렇다면 때때로 다른 것들에 대하여 이야기할 이유가 있을 것이다. 그것들을 바라볼 때 우리는 그 즉시 직접적으로 미적인 즐거움을 얻는다. 또한 맨눈으로는 분명하게 보이지 않지만 분석의 눈으로는 볼 수 있는 자연 현상들 사이의 리듬과 패턴들도 존재한다. 우리가 물리법칙이라고 부르는 것들이 바로 이러한 리듬과 패턴들이다. 이 일련의 강의를 통해 내가 이야기하고 싶은 것은 물리법칙의 일반적인 특성이다. 일반적인 특성을 논한다는 것은 물리법칙 자체를 논하는 것과는 다른 수준의 논의이며, 이런 표현이 허용된다면, 법칙 자체를 뛰어넘는 더 높은 수준의 논의라고 할 수 있다. 실제로 내가 생각하고 있는 것은 상세한 분석의 결과로 나타나는 자연이지만, 내가 주로 말하고 싶은 것은 자연의 가장 포괄적인 일반적 특성에 대한 것이다.

그런데 이런 주제는 너무나 보편적이기 때문에 지나치게 철학적으로 흐르는 경향이 있다. 이런 주제를 논하는 사람은 대개 누구나 이해할 수 있는 이야기만을 한다. 그런 이야기들이 깊은 철학이라고 여겨지곤 한다. 나는 좀더 전문적이기를 바라고, 모호한 방법보다는 더 솔직한 방법으로 이해하고 싶다. 그래서 나는 이 첫 강의에서 일반적인 이야기에 그치지 않고 물리법칙의 예를 보여주고자 한다. 그럼으로써 여러분이 최소한 내가 일반적으로 이야기하는 것들의 예를 하나라도 알게 하고자 한다. 나는 예를 들지 않으면 너무 추상적이 될 이야기를 실제적으로 만들기 위해 반복하여 예를 드는 방법을 사용할 것이다. 나는 물리법칙의 특별한 예로 중력 이론, 혹은 중력 현상을 택했다. 내가 왜 중력을 택했는지는 나도 모른다. 그것은 진정 최초의 위대한 법칙들 가운데 하나이고 또한 재미있는 역사를 갖고 있다. “좋아요, 그렇지만 그것은 시대에 뒤떨어졌어요, 우리는 좀더 현대적인 과학에 대해 듣고 싶습니다."라고 여러분은 말할지도 모르겠다. 보다 현대적인 과학을 이야기할 수는 없어도 보다 최근의 과학을 이야기할 수는 있을 것이다. 현대 과학은 중력법칙의 발견과 정확하게 같은 전통에 서 있다. 우리가 다른 이야기를 한다 하더라도, 그것은 좀더 최근에 발견된 것일 뿐이다. 나는 여러분에게 중력법칙에 관해 이야기하는 것을 전혀 나쁘다고 생각하지 않는다. 왜냐하면 중력법칙의 성질과 역사와 방법들과 발견의 특성에 관해 말할 때 나는 전적으로 현대적이기 때문이다.

이 법칙은 '인간의 정신이 이룬 가장 위대한 일반화'라고 불린다. 내가 인간의 정신보다는, 이 중력법칙처럼 우아하고 단순한 법칙을 따르는 자연의 경이에 더 큰 흥미를 느낀다는 것을 여러분은 이미 도입부에서 눈치챘을 것이다. 그러므로 우리의 주안점은 법칙을 발견하는 우리가 얼마나 현명한가가 아니라 그것에 따르는 자연이 얼마나 영리한가에 놓일 것이다.

중력법칙이란, 두 물체가 서로에게 힘을 작용하는데 그 힘은 그들 사이의 거리의 제곱에 반비례하고 그들 질량의 곱에 비례한다는 것이다. 이 위대한 법칙은

$$F = G\frac{mm'}{r^2}$$

과 같이 수학 공식으로 표현할 수 있다. 위 공식의 우변은 특정한

상수에 두 질량을 곱하고 거리의 제곱으로 나눈 것이다. 이 공식에 덧붙여서, 물체는 힘에 대해 가속도로 반응한다는 것을 추가하면, 다시 말해 물체의 질량에 반비례해서 시간에 따라 속도가 변하는 것으로 반응한다고, 즉 질량이 더 작아지면 속도가 더 크게 변한다는 것을 추가하면, 나는 중력법칙에 대한 모든 설명을 마친 셈이다. 이 밖의 것들은 이 두 원리의 수학적 귀결이다. 나는 여러분 모두가 수학자가 아니라는 것과, 여러분이 이 두 원리의 귀결을 바로 이해할 수 없다는 것도 알고 있다. 그러므로 나는 이 강연에서 중력법칙의 발견에 관한 이야기, 중력법칙의 결과들, 그 발견이 과학사에 미친 영향, 중력법칙에 숨겨진 수수께끼, 아인슈타인에 의해 이루어진 보완, 그리고 가능하다면, 물리학의 다른 법칙들과의 관련성에 관해서 간략하게 이야기하고자 한다.

그 역사는 간단히 이렇다. 처음에 고대인들은 하늘을 돌아다니는 것처럼 보이는 행성들의 궤도를 관측했고, 지구와 함께 그들 모두가 태양 둘레를 돈다고 결론지었다. 이 발견은 뒤에 코페르니쿠스에 의해 다시 독립적으로 이루어졌는데, 그 당시 사람들은 그 발견이 이미 있었다는 것을 잊어버린 상태였다. 이제 연구해야 할 다음 문제는 '행성들이 태양 둘레를 정확히 어떻게 운동하는가, 즉 정확하게 어떤 종류의 운동을 하는가?'였다. '행성들이 태양을 중심으로 원 운동을 하는가, 아니면 어떤 다른 곡선을 그리며 운동하는가?' '행성들은 얼마나 빠르게 운동하는가?' 등의 문제가 제기되었다. 해답을 발견하는 데는 더 오랜 시간이 걸렸다. 코페르니쿠스 이후의 시대에, 행성들이 지구처럼 실제로 태양 둘레를 도는 것인가 또는 지구가 우주의 중심에 있는 것인가 등의 문제를 놓고 커다란 논쟁이 벌어졌다. 이때 튀코 브라헤•라는 사람이 그 문제에 답하려고 한 가지 방법을 발전시켰다. 그는 행성들이 하늘의 어디에 나타나는가를 매우 주의 깊게 관측하고 그 자리를 정확히 기록하면, 양립하는 이론들 중에서 하나를 선택할 수 있으리라고 생각했다. 물체를 관찰하고 상세히 기록하여 수집한 정보에서 이론적 해석의 실마리를 찾겠다는 이 생각은 현대 과학의 열쇠였고, 자연에 대한 참된 이해의 시작이었다. 그래서 코펜하겐 근처의 섬을 소유하고 있던 부유한 브라헤는 커다란 천체 관측용 놋쇠 원형들을 준비하고 특정한 관측 지점들을 설정하여 밤마다 행성들의 위치를 기록하였다. 우리가 어떤 것을 발견하려 한다면, 이런 힘든 노력을 감수해야만 한다.

브라헤가 수집한 모든 자료는 케플러••에게 전해졌다. 그는 태양 둘레를 도는 행성들이 어떤 종류의 운동을 하는가를 분석하려고 노력하였다. 그는 그것을 시행착오의 방법으로 분석하였다. 한 단계에서 그는 해냈다고 생각했다. 행성들이 태양 둘레를 원형으로 돌고 있으며, 태양은 그 중심에서 빗겨나 있는 것으로 이

• Tycho Brahe, 1546~1601. 덴마크의 천문학자. 코펜하겐 근처에 있는 벤 섬에 우라니보르그 천문관측소를 세우고 이십 년 동안 정확한 관측 자료를 수집하였다. 이 자료들은 후에 케플러에게 전해져서 케플러가 행성 운동에 관한 세 법칙을 발견하는 토대가 되었다.

•• Johannes Kepler, 1571~1630. 독일의 천문학자. 행성의 공전 궤도가 타원임을 밝혔다. 그의 첫 번째, 두 번째 법칙은 뉴턴이 근대 천문학을 발견하게 되는 전환점이 되었다.

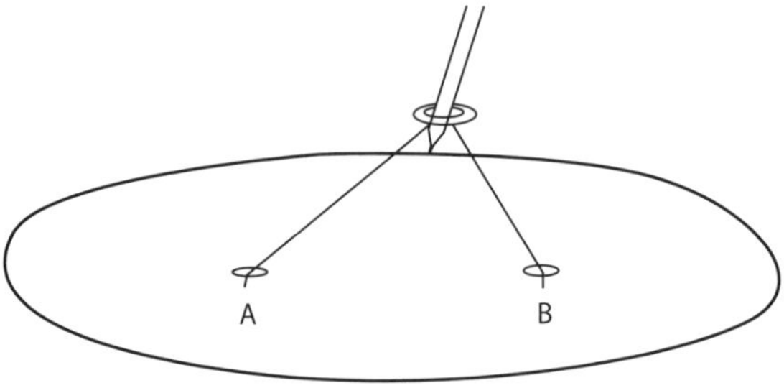

[그림 1] 두 개의 초점을 가진 타원 그리기.

해하였다. 얼마 후 케플러는 한 행성—내 기억으로는 화성이었던 것 같다—이 계산된 궤도에서 각도로 8분이나 벗어났음을 알아냈다. 그 오차는 튀코 브라헤의 관측 오류로 돌리기에는 너무 컸으므로, 케플러는 자신의 결론이 올바른 답이 아니라고 판단했다. 이렇게 케플러는 실험의 정밀성 덕택에 다른 시도들을 계속할 수 있었고, 마침내 세 가지 사실을 찾아냈다.

첫째, 케플러는 행성들이 태양을 한 초점으로 하는 타원 궤도를 그리면서 태양 둘레를 돈다는 것을 발견했다. 타원은 원근법으로 그린 원의 모양이기 때문에 모든 예술가들이 알고 있는 곡선이다. [그림1]에서처럼 고리에 끈을 묶고 각각 끈의 끝을 고정시킨 다음 고리에 연필을 넣어 움직이면 타원을 그릴 수 있기 때문에 어린이들도 타원이 무엇인지를 안다.

두 점 A와 B는 초점이다. 태양을 도는 행성의 궤도는 태양을 하나의 초점으로 하는 타원이다. 두 번째 문제는 이것이다. 타원을 돌고 있을 때 행성은 어떻게 도는가? 행성이 태양 가까이 갈

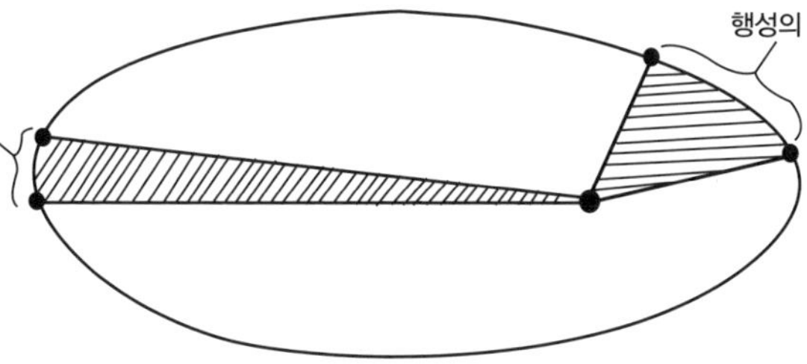

[그림 2] 행성은 태양을 중심으로 타원 궤도를 돌고, 행성이 같은 시간 동안 쓸고 가는 넓이는 일정하다.

때 더 빨리 가는가? 태양에서 더 멀리 떨어질 때 더 천천히 가는가? 케플러는 이에 대한 답도 역시 찾아냈다([그림 2]).

어떤 정해진 기간, 이를테면 3주 정도 차이 나는 두 시각에 행성의 위치를 측정하고, 행성이 궤도 위의 다른 곳에 있을 때에도 다시 3주만큼 간격을 두고 행성의 위치를 측정한 다음, 태양으로부터 행성의 위치까지 선을 긋는다(그 선은 전문용어로 반지름 벡터라고 부른다). 이렇게 하면, 3주의 차이를 둔 행성의 위치에 의해 결정된 두 선과 행성의 궤도로 둘러싸인 넓이는 궤도 어디에서나 똑같다. 따라서 정확히 똑같은 넓이를 만들기 위해 행성은 태양에 가까이 갈수록 더 빠르게 가야 하고 태양에서 멀어질수록 더 천천히 가야만 한다.

여러 해가 지난 후 케플러는 그의 세 번째 법칙을 발견하였는데, 그 법칙은 태양 둘레의 한 행성만의 운동에 관계된 것이 아니라 여러 행성들을 서로 관련짓는 법칙이다. 행성이 태양 둘레를 한 바퀴 도는 데 걸리는 시간은 궤도의 크기와 관련된다. 케플러의 세 번째 법칙은, 그 시간이 궤도 크기의 세제곱의 제곱근에 비례한다는 것이다. 여기서 궤도 크기란 타원에서의 긴 반지름을 말한다. 케플러는 세 개의 법칙을 발견했으며, 이들을 요약하면 다음과 같다.

1) 행성의 궤도는 타원을 이루고, 2) 행성이 같은 시간 동안 쓸고 가는 면적은 같으며, 3) 행성이 태양 둘레를 도는 데 걸리는 시간은 궤도 크기의 $\frac{3}{2}$제곱에 비례한다, 즉 크기의 세제곱의 제곱근에 비례한다.

케플러의 이 세 법칙은 태양 둘레를 도는 행성들의 운동을 완벽하게 기술한다.

다음 문제는 '무엇이 행성들로 하여금 태양 둘레를 돌게 하는가?'이다. 케플러 시대에 사람들은 이 문제에 답하기 위해, 행성 뒤에 천사들이 있어 날갯짓으로 행성들이 궤도를 돌도록 밀고 있다고 생각했다. 뒤에 알게 되겠지만, 이 답은 진실과 아주 거리가 먼 것은 아니다. 단지 진실과 다른 점이 있다면, 천사가 행성 앞에 앉아 날갯짓하여 행성을 안쪽으로 당기고 있다는 것이다.

한편 갈릴레오는 지면 근처에 있는 보통 물체들의 운동법칙을 연구하고 있었다. 그는 법칙 연구와 더불어, 구슬이 어떻게 경사진 면을 굴러내려 오는가, 흔들이(진자)는 어떻게 왔다 갔다 하는가 등을 알기 위해 많은 실험을 했다. 이 과정에서 갈릴레오는 관성의 원리라고 부르는 위대한 원리를 발견하였다. 관성의 원리는 다음과 같다.

> 어떤 물체가 아무것도 그것에 작용하지 않는 상태에서 직선으로 일정한 속도로 가고 있다면, 그것은 완전히 똑같은 직선에서 똑같은 속도로 영원히 가게 될 것이다.

구슬을 영원히 구르게 하려고 애써본 사람에게는 믿을 수 없는 소리로 들리겠지만, 만일 이 이상화가 타당하고, 바닥과의 마찰 등과 같이 구슬에 영향을 미치는 것이 전혀 없다면, 그 구슬은 일정한 속력으로 영원히 갈 것이다.

다음의 주요 발전은 뉴턴에 의해 이루어졌는데, 그는 '물체가 직선으로 가지 않을 때는 어떻게 될 것인가?'라는 문제를 논의하였다. 문제에 대한 뉴턴의 대답은 이렇다. 어떤 방식으로든 속도를 변하게 하려면 힘이 필요하다. 예를 들어 직선 운동하는 구슬을 운동 방향으로 밀어준다면, 구슬은 속력이 증가하는 운동을 하게 된다. 물체의 운동 방향을 바꾸려면, 힘은 운동 방향이 아닌 다른 방향을 향해야만 한다. 힘은 두 효과의 곱으로 측정될 수 있다. 작은 시간 간격에서 속도가 얼마나 변하는가를 나타내는 양을 가속도라고 부르는데, 이 가속도에 물체의 질량 혹은 관성계수라고 불리는 또 하나의 계수를 곱하면 힘이 된다. 힘은 측정 가능하다. 예를 들어 줄 끝에 돌을 묶어 머리 위에서 원을 그리도록 돌리면, 우리는 줄을 당겨주어야 함을 알게 되는데, 그 이유는 속력(속도의 크기)은 바뀌지 않더라도 돌이 원 둘레를 돌면 (속도의) 방향이 바뀌기 때문이다. 끊임없이 안으로 끄는 힘이 있어야만 하고, 그 힘은 질량에 비례한다. 그래서 질량이 다른 두 물체를 똑같은 속력으로 돌리며 힘을 잰다면, 질량의 차이에 비례하여 한 힘이 다른 힘보다 더 크게 된다. 이것은 속도를 바꾸는 데 얼마만큼의 힘이 필요한가를 기준으로 질량을 재는 한 방법이다. 뉴턴은 이것으로부터, 간단한 예를 들자면, 다음과 같은 결론을 얻어냈다. 한 행성이 태양 둘레를 원으로 돌고 있다면, 그것을 옆 방향으로, 즉 접선 방향으로 가게 만들기 위해서는 아무런 힘도 필요하지 않다. 다시 말해서 뉴턴은, 전혀 힘이 없다면 행성은 다만 접선 방향으로 계속하여 운동하게 될 것임을 알았다. 그러나 [그림 3]처럼 실제로 행성은 접선을 유지하지 않고, 아무 힘도 없을 때 그것이 가야 할 방향인 멀어지는 방향으로가 아니라 태양을 향해 더 아래로 떨어지는 길을 간다.

바꿔 말하면 행성의 속도, 즉 행성의 운동은 태양을 향하여 굽게 된다. 그러니까 천사들이 있어 끊임없이 태양을 향하여 날갯짓을 해야만 하는 것이다.

그러나 행성의 직선 운동의 원인은 알려진 것이 없다. 물체가 영원히 접선 쪽으로 운동하는 이유는 전혀 밝혀진 바 없다. 다시 말해서 관성법칙의 기원에 대해서는 알려진 것이 없다. 비록 천사들이 존재하지 않는다 해도 직선 운동은 지속된다. 반면에 떨

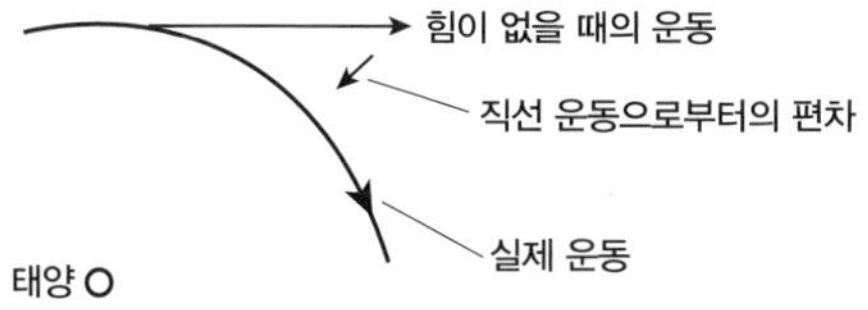

[그림 3] 행성의 운동은 행성의 직선 운동과 태양이 행성에 가하는 힘에 의한 운동으로 나타난다.

어지는 작용을 위해서는 어떤 힘이 꼭 필요하다. 그 힘은 태양을 향하는 것이 분명하다. 사실상 뉴턴은, 같은 시간 동안 같은 면적을 쓸고 간다는 법칙이, 타원 궤도의 경우에서도 행성의 속도 변화가 정확히 태양을 향한다는 간단한 발상의 결과라는 것을 증명할 수 있었다. 다음 강의에서 그 증명이 어떻게 이루어지는지 상세히 논할 것이다.

이 법칙으로부터 뉴턴은 힘이 태양을 향한다는 발상을 확신했다. 만일 다른 행성들의 주기가 태양으로부터 떨어진 거리에 따라 어떻게 변하는가를 안다면, 힘이 거리에 따라 어떻게 변해야만 하는가를 결정할 수 있다. 뉴턴은 그 힘이 거리의 제곱에 반비례한다고 결론지었다.

아직까지 뉴턴은 어떤 것도 더 보태지 않았다. 왜냐하면 그는 케플러가 다른 표현으로 말한 두 가지만을 말했기 때문이다. 하나는 행성에 가해지는 힘이 태양을 향한다고 말하는 것과 완전히 일치하고, 다른 하나는 그 힘이 거리의 제곱에 반비례한다고 말하는 것과 완전히 동등하다.

그러나 사람들은 목성 둘레를 도는 위성을 망원경으로 보았다.

목성과 그것의 위성들은 작은 태양계처럼 보였고, 마치 목성이 위성들을 끌어당기고 있는 것처럼 보였다. 달도 지구에 의해 끌리고, 지구 둘레를 돌고, 행성이나 목성의 위성들과 똑같은 방식으로 끌린다. 모든 것이 다른 모든 것에 의해 끌리는 것처럼 보인다. 따라서 쉽게 생각할 수 있는 다음 주장은, 일반적으로 모든 물체가 서로를 끌어당긴다는 것이다. 만일 그 주장이 옳다면, 태양이 행성을 끌어당기는 것처럼 지구는 달을 끌어당겨야만 한다. 지구가 물체를 끌어당기고 있다는 것은 누구나 안다. 공중으로 떠오르고 싶은 욕망에도 불구하고 여러분은 각자의 의자에 단단히 앉아 있지 않은가! 지구 위에 있는 물체에 대한 끌어당김은 중력 현상으로 잘 알려져 있다. 아마도 달을 궤도에 있도록 유지하는 중력과 지상의 물체를 끌어당기는 중력이 똑같을 것이라고 뉴턴은 생각했다. 달 궤도의 크기를 알고 있으므로 1초에 달이 얼마나 떨어지는가를 알아내는 것은 쉽다. 우리는 달이 지구 둘레를 도는 데 한 달이 걸린다는 것을 알고 있다. 달이 1초에 얼마나 움직이는지 안다면, 직선 아래로 얼마나 떨어지는가를 알 수 있다. 이때 직선은 달이 만일 궤도 운동을 하지 않았다면 있어야 할 곳들을 나타낸다. 1초 동안에 달이 지구로 떨어지는 거리는 1인치(1인치는 2.54센티미터임)의 20분의 1이다. 달은 지구 중심으로부터 우리가 있는 곳보다 60배나 멀리 있다. 우리는 중심에서 4천 마일(1마일은 약 1.6킬로미터임) 떨어져 있고, 달은 중심으로부터 24만 마일 떨어진 곳에 있다. 그래서 역제곱 법칙이 옳다면, 지구 표면에 있는 물체는 1초에 $\frac{1}{20}$ 인치×3,600(60의 제곱)만큼 떨어진다. 지구가 달을 끌어당기는 힘은 역제곱 법칙에 의해 지표면의 물체를 끌어당기는 힘보다 60×60만큼 작아지기 때문이다. $\frac{1}{20}$ 인치×3,600은 약 16피트(1피트는 30.48센티미터임)인데, 지구 표면에서 물체가 1초에 16피트 떨어진다는 것은 갈릴레오의 측정에 의해 이미 알려진 사실이었다. 이 일치는 뉴턴의 발상이 옳고, 이제 더 이상 근본적인 발상을 재고할 필요가 없음을 뜻했다. 이전에는 완전히 독립적이었던 새로운 사실, 즉 달 궤도의 주기 및 지구로부터의 거리에 관한 사실과, 지표면에서 물체가 1초에 얼마나 떨어질까라는 전혀 다른 사실이 연결된 것이다. 이는 뉴턴의 발상이 전적으로 옳음을 입증하는 멋진 검증이었다.

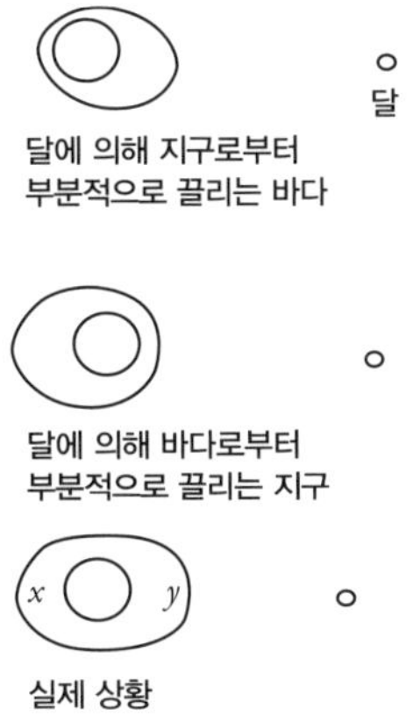

[그림 4] 밀물과 썰물은 지구와 바다에 미치는 달의 인력 때문에 생긴다.

더 나아가서 뉴턴은 많은 예측을 하였다. 그는 역제곱 법칙에 따른 궤도가 가져야만 하는 모양을 계산할 수 있었고, 실제로 그 모양이 타원임을 발견했다. 따라서 그는 말하자면 둘로부터 셋을 얻었다. 이뿐만 아니라 뉴턴은 많은 새로운 현상을 분명하게 설명할 수 있었다. 그중 하나는 조석(밀물, 썰물)이었다. 조석은 지구와 바다에 미치는 달의 인력 때문에 생긴다. [그림 4]에서처럼 바다에 달의 인력이 미친다면 달이 있는 쪽의 바닷물이 더 높아지게 되므로, 달의 영향으로 인해 하루에 한 번의 조수가 있어야 한다는 생각은 이전에도 있었다. 그러나 실제로는 대략 12시간마다, 즉 하루에 두 번의 조수가 있다. 또 다른 결론에 이르게 하는 것으로, 바다로부터 멀리 떨어진 달이 지구를 끌어당긴다는 생각도 있었다. 뉴턴은 사실상 조석이 실제로 어떻게 일어나는지를 간파한 최초의 인물이다. 지구와 바다에 미치는 달의 힘은 같은 거리에서는 똑같고, y에 있는 바다는 딱딱한 지구보다 달에 더 가깝고 x에 있는 바다는 달에서 더 멀리 떨어져 있다. y에서는 지구보다 바다가 달을 향해 더 끌리고 x에서는 덜 끌리게 된다. 그래서 이 두 효과의 결합으로 두 번의 조수가 만들어진다. 실제로는 지구도 달과 똑같은 방식으로 원형으로 운동한다. 지구에 미치는 달의 힘은 무엇에 의해 균형을 이루는가? 달이 지구의 힘에 균형을 맞추기 위해 원형으로 운동하는 것처럼 지구도 또한 원형으로 운동하고 있다는 사실에 의해서이다. 원의 중심은 지구 안쪽 어딘가에 있다. 지구도 달의 힘에 균형을 이루기 위해 원을 그리며 운동한다. 그들 둘은 공통의 중심을 돌아가고 그래서 힘들은 지구에서 균형을 이루지만 달에 의해 x에 있는 바다는 덜 끌리고 y에서는 더 끌리어 양쪽이 부풀어오른다. 하여튼 이제 조석의 원리와, 조석이 하루에 두 번 있다는 사실이 설명되었다. 다른 여러 사실들도 명확하게 설명되었다. 지구가 둥근 것은 지구를 이루는 모든 물질이 안쪽으로 끌려들기 때문이다. 또한 지구가 완벽하게 둥글지 않은 것은 자전하기 때문이다. 자전으로 인해 지구는 적도 쪽이 약간 더 부푼 상태로 균형을 유지한다. 태양과 달이 왜 둥근가 등 다른 많은 사실들도 명확하게 설명되었다.

과학이 발전하고 측정이 더 정밀해짐에 따라 뉴턴 법칙의 검증도 더 엄밀해졌는데, 최초의 세밀한 검증은 목성의 위성들과 관련해서 이루어졌다. 오랜 기간에 걸쳐 위성들이 돌아가는 길을 정확히 관측하여 모든 것이 뉴턴 법칙에 따르는가를 조사했는데, 그렇지 않음이 밝혀졌다. 목성의 위성들은 때로는 예측된 시간보다 8분 먼저 나타나기도 하고 때로는 8분 늦게 나타나기도 했다. 여기서 예측된 시간이란 뉴턴 법칙에 따라 계산된 시간 값을 뜻한다. 위성들의 운동은 목성이 지구에 가까이 있을 때 예정보다 일렀고, 멀리 있을 때는 예정보다 늦었다. 이상한 일이었다. 그러나 중력법칙이 옳음을 확신한 뢰메르•는 빛이 목성의 위성들로부터 지구에 이르기까지 시간이 경과한다는 흥미 있는 결론을 내렸다. 그러니까 우리가 보는 위성들의 모습은 그들의 지금 모습이 아니라 빛이 여기까지 오는 데 걸린 시간 전의 모습인 것이다. 목성이 지구에 가까이 있으면 빛이 오는 데 시간이 덜 걸리고, 목성이 지구로부터 멀리 있으면 시간이 더 걸린다. 그러므로 뢰메르는 행성 운동에서 관찰된 시간 차이를 빛이 오는 동안 경과한 시간 차이로 이해했다. 이런 방법으로 그는 빛의 속도를 결정할 수 있었다. 이는 빛이 즉각적으로 전파되는 물질이 아니라는 사실에

• Olaus Römer, 1644~1710. 덴마크의 천문학자.

대한 최초의 증명이었다.

나는 이 특별한 사례에 여러분이 주목하기를 바란다. 왜냐하면 이 사례는, 어떤 법칙이 올바르다면, 그 법칙이 다른 법칙을 발견하는 데 쓰일 수 있음을 보여주기 때문이다. 우리가 어떤 법칙을 확신하고 있는 상태에서 무언가 그 법칙에 어긋나는 문제가 발생한다면, 그 문제는 어떤 다른 현상을 시사할 수 있다. 중력법칙을 알지 못했다면, 빛의 속력을 구하는 데 훨씬 오랜 세월이 걸렸을 것이다. 왜냐하면 중력법칙이 없다면, 목성의 위성들에서 어떤 운동을 기대할 수 있는지 알 수 없기 때문이다. 이 발견 과정은 연이어 수많은 발견들로 이어졌고, 각각의 새로운 발견은 더 많은 발견을 위한 도구가 되었다. 새로운 발견은 4백여 년 동안 지속되었고, 오늘날 우리 또한 새로운 발견을 빠른 속도로 진행시키고 있다.

그런데 또 다른 문제가 나타났다. 뉴턴 법칙에 따르면 행성들은 실제로 타원 궤도를 그리지 않아야 한다. 행성들은 태양에 의해 끌릴 뿐만 아니라 약하게나마 서로가 서로를 끌고 있기 때문이다. 행성들 서로 간의 끌림은 아주 작지만 무시할 정도는 아니어서, 행성들의 운동은 약간 바뀌게 된다. 목성, 토성 그리고 천왕성은 당시 알려진 큰 행성들이었다. 이 행성들이 서로에게 미치는 인력으로 인해 이들의 궤도가 케플러의 완벽한 타원에서 얼마나 벗어나게 되는지를 계산할 수 있었다. 그 계산과 관측을 통해 얻은 결론에 따르면, 목성과 토성은 계산에 맞게 운동하고 있는 반면, 천왕성은 이상하게 운동하고 있었다. 뉴턴 법칙이 불완전하다고 판단할 또 하나의 근거가 주어진 것이다. 그러나 용기를 내자! 애덤스•와 르베리에•• 두 사람은 거의 동시에 독립적으로 천왕성의 운동을 뉴턴 법칙에 따라 계산했고, 천왕성의 이상한 운동은 보이지 않는 새로운 행성 때문이라고 제안했다. 그들은 각자의 관측소에 편지하여 "망원경을 돌려서 어느 어느 장소를 보아라. 그러면 새로운 행성을 발견하게 될 것이다."라고 말했다. "종이와 연필만 쥐고 앉아 있는 사람이 새 행성을 발견하기 위해 어느 곳을 보라고 우리에게 말한다는 것이 얼마나 우스꽝스러운 일인가?"라고 한 관측소는 대답했다. 반면 다른 관측소는 편지에 지시된 대로 관측하여 마침내 해왕성을 발견했다!

보다 최근인 20세기 초에 뉴턴 법칙이 예측한 수성의 운동이 완벽하게 옳지는 않다는 것이 명백해졌다. 이 문제는 많은 어려움을 불러일으켰고 아인슈타인이 등장할 때까지 설명되지 않았다. 아인슈타인은 뉴턴 법칙이 약간 틀렸으며 수정되어야만 한다는 것을 증명했다.

'중력법칙이 어디까지 미치는가?'라는 질문을 제기할 수 있다.

• John Couch Adams, 1819~1892, 영국의 천문학자이자 수학자. 스물네 살에 천왕성 밖에 있는 천체의 질량과 위치를 계산하였으나, 그의 계산이 관측전문 학자들에게 받아들여지지 않아 해왕성 발견에 실패했다. 그러나 후에 프랑스의 르베리에가 같은 계산을 한 결과를 이용하여 독일의 천문학자 갈레(Johann Gottfried Galle, 1812~1910)가 해왕성을 발견하였다. 따라서 애덤스와 르베리에는 그 후 오랫동안 해왕성 발견의 공적을 놓고 토론거리를 제공했다.

•• Urbain Leverrier, 1811~1877, 프랑스의 천문학자.

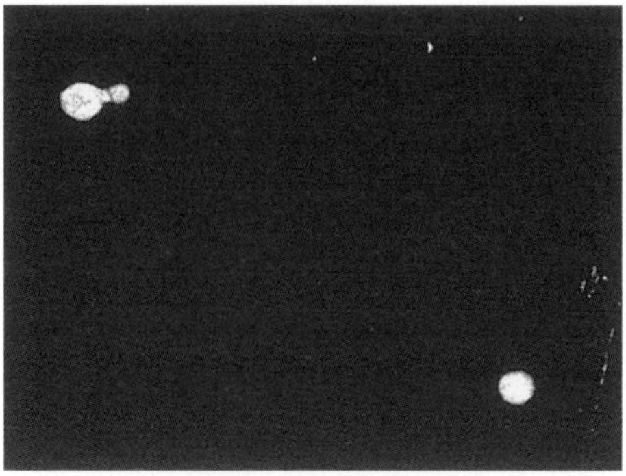

1908. 7. 21

1915. 9

1920. 7. 10

[사진 1] 똑같은 쌍성을 다른 시간에 찍은 세 장의 사진.

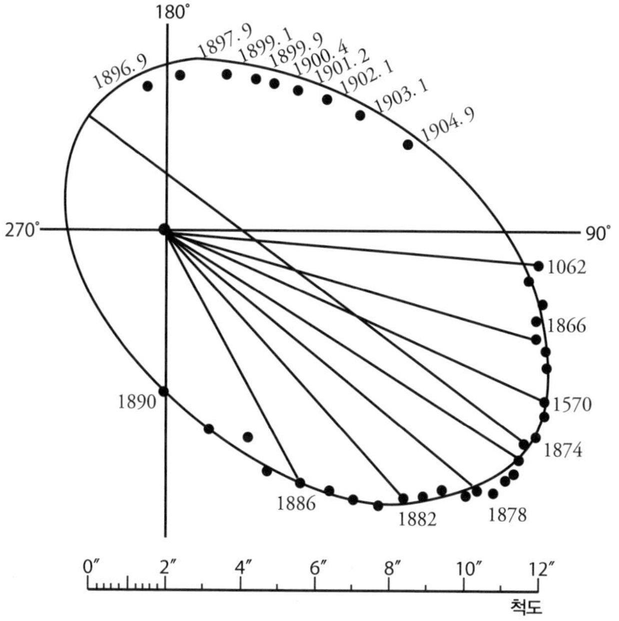

[그림 5] 쌍성을 이루는 두 별은 서로를 끌어당기는 힘으로 타원 궤도를 그리며 운동한다.

중력법칙은 태양계 밖에서도 타당할까? [사진 1]은 그 법칙이 태양계보다 더 넓은 범위에 미친다는 증거를 보여준다. [사진 1]은 이른바 쌍성이라 불리는 천체를 찍은 세 장의 사진이다. 다행스럽게도 사진에 세 번째 별이 있어서 쌍성을 이룬 두 별이 실제로 돌고 있음을 알 수 있다. 만일 세 번째 별이 없었다면, 천체 사진에서 쉽게 할 수 있듯이, 아무나 사진기를 그냥 돌려서 왼쪽과 같은 세 장의 서로 다른 사진을 얻을 수 있었을 것이다. 두 별은 실제로 돌고 있다. [그림 5]는 그들이 만드는 궤도를 보여준다. 그들이 서로를 끌어당긴다는 것과, 예측된 방식대로 타원을 그리며 운동한다는 것을 분명하게 알 수 있다. 그림 속의 점들은 시간의 흐름에 따라 시계 방향으로 돌면서 변화한 두 별의 위치를 나타낸다. 두 별은 만족스러운 타원 궤도를 그린다. 그런데 한 가지 문제가 있다. 자세히 보면 무게중심이 타원의 초점을 약간 벗어나 있다. 법칙에 무언가 문제가 있을까? 아니다. 신은 우리에게 정면에서 찍은 사진을 허락해주지 않았다. 사진은 약간 기울어진 각도로 쌍성을 보여주는 것이다. 하나의 타원을 택하여 초점을 표시하고 종이를 비스듬히 잡고 그것을 투사하여 보라. 그 초점은 투사된 상의 초점에 있지 않다는 것을 알게 될 것이다. 궤도가 공간 속에서 기울어졌기 때문에 초점이 다르게 보이는 것이다.

더 먼 거리에서도 중력법칙이 타당할까? 쌍성에서 작용하는 중력은 두 별 사이의 중력이다. 하지만 중력이 태양계 지름의 두세 배 이상 먼 거리까지도 미칠까? [사진 2]가 보여주는 것은 지름이 태양계보다 십만 배나 큰 천체이다. 사진 속에는 어마어마한 수의 별들이 있다. 크게 보이는 흰 점은 단일한 점이 아니다. 촬영 기구의 해상력에 한계가 있어서 그렇게 보이는 것일 뿐, 커다란 흰 점은 사실상 여느 별들처럼 서로 부딪히지 않고 서로 충분히 떨어져 있는 매우 작은 점들의 집단, 즉 구상 성단이다. 이 거대한 구상 성단 속에서 각각의 별은 제각각 움직이고 있다. 구상 성단은 가장 아름다운 천체 가운데 하나다. 구상 성단은 대양의 파도나 석양에 못지않게 아름답다. 구상 성단 내부의 물질 분포는 완벽하게 관측된다. 이 성단을 묶어주는 힘은 별들 사이에 작용

[사진 2] 구상 성단.

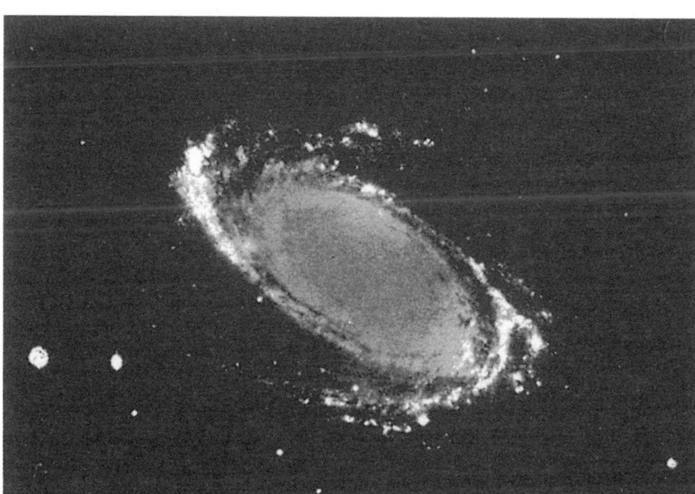

[사진 3] 나선 은하.

하는 중력적 인력이다. 물질 분포를 알고 거리를 감안하면, 별들 사이에 작용하는 힘이 어떤 법칙에 따르는지를 대략적으로 알 수 있다. 당연한 일이지만, 그 힘은 대체로 역제곱 법칙에 따른다. 이런 거대 규모에서의 계산과 측정은 태양계에서만큼 정확할 필요는 없다.

중력은 더 멀리까지 미친다. 구상 성단은 전형적인 대형 은하계를 보여주는 [사진 3]에 있는 작은 점에 불과하다. 이 은하계 역시 어떤 힘에 의해 뭉쳐져 있음이 분명하고, 그 힘의 후보로 합리적으로 고려해볼 수 있는 유일한 힘은 중력이다. 이 규모에 이르면 역제곱 법칙을 검증할 어떤 방법도 없지만, 이 거대한 별들의 집단 안에서도—빛이 지구에서 태양까지 가는 데는 8분밖에 안 걸리는 반면에 이 은하들을 가로지르는 데는 5만 년에서 10만 년이 걸린다—또한 그 이상의 거리에서도 중력이 미친다는 것에 의심의 여지가 없는 듯하다. [사진 4]에는 중력이 그 이상까지 확장된다는 증거가 있다. 그림이 보여주는 것은 이른바 은하단이다. 마치 별들이 모여 성단을 이루듯이, 은하계들이 한 덩어리로 모여 은하단을 이룬다.

[사진 4]가 보여주는 규모는 우주 전체 크기의 10분의 1 혹은 100분의 1 정도이며, 중력이 미치는 범위에 관해 우리가 어떤 직접적인 증거를 가지고 있는 것은 거기까지이다. 여러분은 아마도 우주선이 지구 중력장을 벗어났다는 얘기를 신문에서 읽은 적이 있을 것이다. 그러나 엄밀히 얘기하면, 지구의 중력은 끝이 없다.

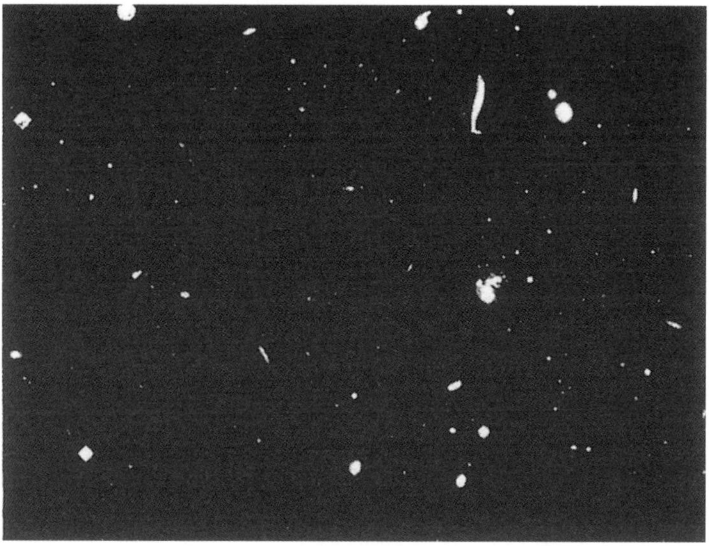

[사진 4] 은하단.

지구의 중력은 거리의 제곱에 반비례해서, 즉 두 배 멀리 갈 때마다 4분의 1로 줄어들면서 계속되고, 결국 다른 별들이 만드는 강한 중력장 속에서 감지될 수 없게 된다. 지구의 중력은 이웃에 있는 별들과 함께 은하를 이루기 위하여 다른 별들을 끌어당긴다. 그 모든 중력이 또한 다른 은하계들을 끌어당겨 은하들의 패턴, 집단, 즉 은하단을 만든다. 그러므로 지구 중력장은 결코 끝나지 않고 아마도 우주의 끝까지 정확하고 세밀한 법칙에 따라 서서히 소멸되어간다.

중력의 법칙은 다른 많은 법칙들과는 다르다. 중력은 당연히 우주의 질서와 조직에서 매우 중요하다. 우주와 관련해서는 중력이 실제적으로 적용될 수 있는 사례들이 많다. 그러나 중력법칙에 관한 지식은 물리학의 다른 법칙들에 비해 상대적으로 실제적인 응용이 드물다. 그러니까 이 점에서는 내가 물리법칙의 예로 전형적이지 않은 예를 든 셈이다. 하지만 어떤 것 가운데 하나를 고르면서 전적으로 전형적인 하나를 고르는 것은 불가능할 것이다. 이는 우주의 경이로움이다. 중력법칙에 관한 지식의 적용 사례들로 내가 떠올릴 수 있는 것은 다음의 것들뿐이다. 지구물리학의 예측들, 조석의 예측, 또한 요즘에는 위성들과 쏘아올린 행성 탐사 로켓들의 운동을 푸는 것 등이 있다. 현대적인 적용 사례가 하나 더 있다. 다름이 아니라 행성들의 위치를 계산하고 예견하는 일이 오늘날에는 대중잡지에 별점 운세를 연재하는 점성술사들에게 대단히 유용하게 쓰인다는 점이다. 우리는 참 이상한 세상에 살고 있다. 모든 새로운 지식의 진보가 2천 년 이상 존재해왔던 어리석음을 유지하는 데 고작 쓰이고 있으니 말이다.

중력이 우주의 행태에 실질적인 영향을 미치는 중요한 사례들을 언급하겠다. 재미있는 사례들 가운데 하나는 새 별의 탄생이다. [사진 5]는 우리 은하계 안에 있는 기체 성운이다. 그것은 별들의 집단이 아니라 기체이다. 검은 점들은 기체가 압축된 혹은 끌려든 곳들이다. 별이 탄생하는 과정의 첫 단계는 아마도 일종의 충격파에 의해 시작되지만, 나머지 과정에서는 중력에 의해 기체가 더 가까이 끌려들고 기체와 먼지가 뭉쳐져서 구체를 이룬다. 구체들이 더 함몰하면 열이 발생하고, 그 열에 의해 구체들은

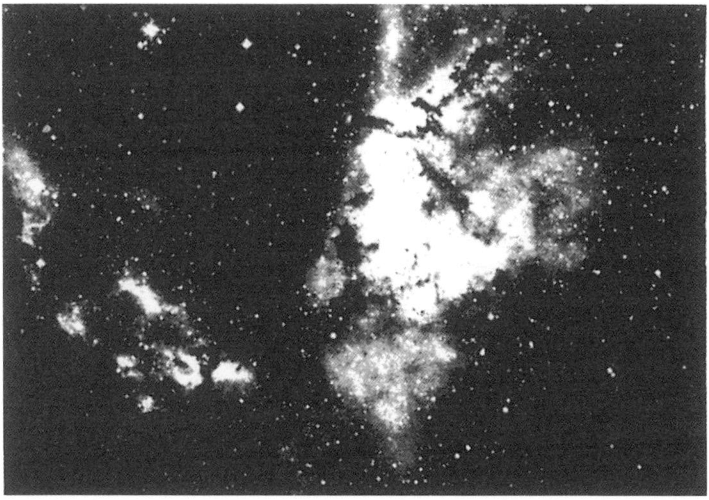

[사진 5] 기체 성운.

1947 1954

[사진 6] 새로운 별의 탄생을 보여주는 증거.

점화되어 별들이 된다. [사진 6]에서 새로운 별들이 만들어지는 증거들을 볼 수 있다.

별들은 그렇게, 즉 기체가 중력에 의해 너무 조밀하게 모일 때

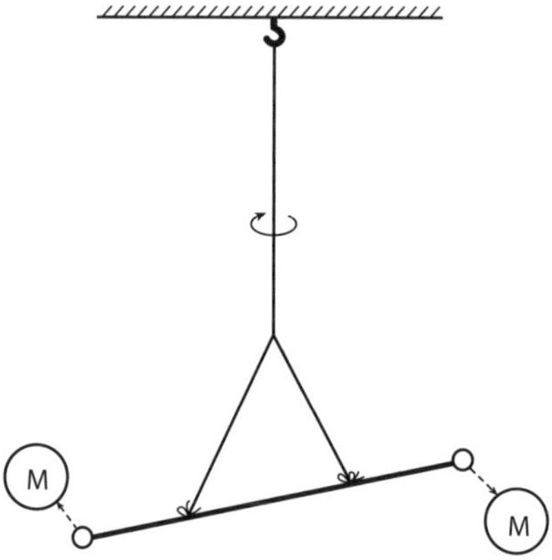

[그림 6] 캐번디시가 행성들 간의 상호작용을 알아보기 위해 고안한 실험. 양 끝에 납 구슬을 놓고, 구슬들이 서로를 끌어당긴다면 실이 약간 꼬이게 될 것이다.

생기게 된다. 때때로 별들은 폭발하여 먼지와 기체들을 내뿜고, 그 먼지와 기체들은 다시 모여 새로운 별들을 만든다. 꼭 무슨 영구 운동처럼 보인다.

나는 이미 중력이 대단히 먼 거리까지 미친다고 얘기했다. 하지만 뉴턴이 주장한 것은, 모든 것이 모든 것을 끌어당긴다는 것이었다. 두 물체가 서로를 당긴다는 것이 정말로 참일까? 행성들이 서로 끌어당기는가를 보기 위하여 기다릴 것이 아니라 직접적으로 실험해볼 수는 없을까? 캐번디시•는 [그림 6]에 나타난 장치를 이용해서 직접적인 실험을 시도했다. 아주 가는 석영 실에 구슬이 두 개 달린 막대를 매달고, 구슬 근처에 그림에서처럼 커

• Henry Cavendish, 1731~1810, 영국의 물리학자이자 화학자.

다란 납 구슬 둘을 놓는다. 구슬들이 서로를 끌어당긴다면 실이 약간 꼬이게 될 것이다. 일반적인 물체들 사이에서 중력은 정말 매우 작다. 하지만 캐번디시는 두 구슬 사이에서 작용하는 힘을 잴 수 있었다. 캐번디시는 자신의 실험을 '지구의 무게 측정'이라고 불렀다. 용어 사용에 조심스럽고 째째한 오늘날의 선생님들은 그런 명칭을 허용하지 않을 것이다. 오늘날의 학생이라면 '지구의 질량 측정'이라고 말해야 할 것이다. 직접적인 실험을 통해 캐번디시는 두 구슬 사이에 작용하는 힘, 두 구슬의 질량, 두 구슬 사이의 거리를 측정할 수 있었고, 따라서 중력상수 *G*를 계산할 수 있었다. 영리한 당신은 이렇게 말한다.

"아하, 지구가 물체를 당기는 것도 똑같은 상황이야. 우리는 인력이 얼마만큼인지 알고 당겨지는 물체의 질량이 얼마인지 그리고 물체가 지구에서 얼마나 떨어져 있는지를 알아. 하지만 지구의 질량과 중력상수 각각은 모르고, 오직 그 곱만 알지."

이제 중력상수를 알고, 지구의 인력과 관계된 자료들을 알면, 지구의 질량을 구할 수 있다.

캐번디시 실험은 우리가 딛고 서 있는 지구가 얼마나 무거운가를 간접적으로 측정한 최초의 실험이다. 지구의 질량을 측정한 것은 놀라운 성취이다. 그래서 캐번디시가 그의 실험을 '중력 방정식에서 상수 결정하기'라고 명명하지 않고 '지구 무게 측정'이라고 명명했다고 나는 생각한다. 결과적으로 그는 태양과 그 밖의 모든 것의 무게를 재고 있었던 것이다. 왜냐하면 같은 방식의 추론을 통해 태양의 인력을 알 수 있기 때문이다.

중력법칙을 검증하는 또 다른 실험 하나는 매우 흥미로운데, 그 실험이 검증하는 것은, 인력이 정확하게 질량에 비례하는지 여부이다. 인력이 정확하게 질량에 비례하고, 힘에 대한 저항도 정확히 질량에 비례한다고 하자. 그렇다면 힘에 의해 유발된 운동, 즉 속도 변화는 한편으로는 질량에 비례하고, 다른 한편으로는 질량에 반비례해야 한다. 이는 서로 다른 질량을 가진 두 물체가 중력장 속에서 동일한 방식으로 속도 변화를 겪어야 함을 의미한다. 또는 진공 상태에서 상이한 두 물체가 질량과 상관없이 땅으로 똑같이 떨어질 것임을 뜻한다. 이것이 피사의 사탑에서 갈릴레오가 한 실험이다. 이 실험의 결론은, 예를 들어 인공위성 안에 두 물체가 있을 때, 지구에 보다 가까운 물체와 지구로부터 더 멀리 있는 물체가 동일한 종류의 궤도를 그리며 지구를 돌아야 함을 의미한다. 힘이 질량에 정확하게 비례하고 반작용은 질량에 반비례한다면, 이와 같이 매우 흥미 있는 결론들이 도출된다.

이것이 얼마나 정확한가? 1909년 외트뵈시•의 측정에 따르면 (최근에 디키••가 더 정확하게 실험적으로 측정하였지만), 1백억

• Roland von Eötvös, 1848~1919, 헝가리의 물리학자.

•• Robert Dicke, 1916~1997, 미국의 물리학자, 고정밀 중력 실험을 통해 아인슈타인의 일반상대성 이론의 핵심을 이루는 등가원리, 즉 물체의 중력질량과 관성질량은 똑같다는 것을 확인하였으며, 우주의 기원에 관한 대폭발 이론을 초기에 주장한 인물로 유명하다.

분의 1까지 정확하다. 힘은 정확하게 질량에 비례한다. 그런데 어떻게 이렇게 정밀한 측정이 가능할까? 태양의 인력에 대하여 그것이 참인지 여부를 확인하려 한다고 해보자. 우리는 태양이 우리 모두뿐만 아니라 지구 또한 당기고 있음을 안다. 이때 인력이 관성에 정확하게 비례하는가를 알고자 한다고 하자. 처음에는 실험에 백단향 목재가 사용되었다. 이어서 납과 구리를 이용하기도 하였고 지금은 폴리에틸렌으로 실험한다. 지구가 태양 주위를 돌고 있으므로, 지구 위의 두 물체는 관성에 의해 바깥으로 나가려 하는데, 그 두 물체가 관성을 가진 만큼 나가려 한다. 그러나 다른 한편 인력법칙에 의해 그들이 가진 질량만큼 태양에 끌리게 된다. 만일 두 물체가 관성에 의해 나가려는 것과 다른 비율로 태양에 끌린다면, 하나는 태양 쪽으로 끌릴 것이고 다른 하나는 태양으로부터 멀어지게 될 것이다. 따라서 두 구슬을 막대에 달아 캐번디시 석영 실에 매달아놓는다면, 막대가 돌아가 실이 꼬일 것이다. 막대는 앞에서 언급한 정밀도 내에서 돌아가지 않는다. 그러므로 두 물체에 대한 태양의 인력은 관성, 즉 원심력 효과에 정확하게 비례함을 알 수 있다. 물체에 작용하는 인력은 그 물체의 관성계수, 다시 말해 질량에 정확히 비례한다.

특히 재미있는 한 가지 사실이 있다. 역제곱 법칙은 예를 들어 전기에 관한 법칙들에서 다시 등장한다. 전기도 거리의 제곱에 반비례하는 힘을 발휘한다. 이 경우에는 전하들 사이에서 힘이 작용한다. 이 사실 앞에서 아마도 여러분 중 누군가는, 거리의 제곱에 반비례한다는 법칙에 무언가 깊은 의미가 있을 것이라고 생각하게 될 것이다. 그러나 현재까지 그 누구도 전기와 중력이 같은 것의 다른 모습이라고 증명하는 데 성공하지 못했다. 오늘날 물리학 이론들, 즉 물리학 법칙들은 잘 들어맞지 않는 서로 다른 부분과 조각들의 집합체이다. 우리는 하나의 구조에서 모든 것을 이끌어낼 수는 없다. 현재 우리는 완벽하게 들어맞지는 않는 여러 조각들을 가지고 있다. 바로 그 때문에 나는 이 강의에서 여러분에게 단일한 물리학의 법칙이 무엇인지를 말하는 대신에 여러 법칙들의 공통점을 말할 수밖에 없다. 우리는 그들 사이의 관계를 이해하지 못한다. 그러나 아주 이상한 것은 중력과 전기력 사이에 공통점이 있다는 것이다. 이제 전기의 법칙에 관한 얘기로 돌아가보자.

전기력은 거리의 제곱에 반비례한다. 하지만 전기력과 중력의 세기는 엄청나게 다르다. 전기력과 중력을 똑같은 것으로 만들기를 원하는 사람은 전기력이 중력보다 훨씬 더 강력하다는 것을 알게 될 것이고, 그들 둘이 똑같은 근원을 가질 수 있다는 믿음을 유지하기 어렵게 될 것이다. 한 힘이 다른 힘보다 더 강하다는 얘기가 무슨 뜻일까? 힘의 크기는 얼마나 많은 전하를 갖고 있는가, 혹은 얼마나 많은 질량을 갖고 있는가에 달려 있다. 중력이 얼마나 강한가를 "나는 이런 크기의 덩어리를 갖고 있다."라고 말함으로써 나타낼 수는 없다. 왜냐하면 그 말 속에서 당신은 당신이 선택한 크기를 사용했기 때문이다. 자연이 산출한 어떤 것—

두 전자 사이에서

$$\frac{\text{중력의 끌힘}}{\text{전기력의 밀힘}} = 1/4.17 \times 10^{42}$$

$$= 1/4{,}170{,}000{,}000{,}000{,}000{,}000{,}000{,}000{,}000{,}000{,}000{,}000{,}000{,}000$$

즉 인치나 년 등 우리가 설정한 단위와는 아무 관계가 없는 자연 고유의 순수한 수—을 가지고자 한다면, 이런 방법으로 할 수 있다. 만약 우리가 기본입자로 전자와 같은 것을 고려한다면—다른 기본입자를 고려한다면 다른 수를 얻게 되겠지만, 이해를 위해 전자를 예로 들자—두 전자는 두 개의 기본입자이다. 두 기본입자는 전기력으로 인해 거리의 제곱에 반비례하는 세기로 서로를 밀어내며, 중력으로 인해 거리 제곱에 반비례하는 세기로 서로를 끌어당긴다.

문제는 이것이다. 이 경우에 전기력에 대한 중력의 비율은 얼마인가? 위의 수식은 그 비율을 보여준다. 전기력의 밀힘에 대한 중력의 끌힘의 비율은 소수점 이하 42자리의 수로 주어진다. 이 사실에는 매우 심오한 신비가 있다. 어디서 이런 엄청난 수가 나올 수 있을까? 당신이 언젠가 이들 둘을 도출하는 단일한 이론을 완성한다 하더라도, 어떻게 이런 심한 불균형이 생길 수 있단 말인가? 어떤 방정식이 이와 같이 엄청난 차이로 당기고 미는 두 종류의 힘을 해로 가질 수 있을까?

사람들은 이러한 심한 불균형을 다른 영역에서 탐색했다. 학자들은 예를 들어 또 다른 큰 수가 있기를 바란다. 여러분이 큰 숫자를 원한다면, 한 양성자 지름에 대한 우주 지름의 비율을 택해보라. 놀랍게도 그것 또한 42자리의 숫자이다. 따라서 중력 대 전자기력의 비율은 양성자 지름 대 우주 지름의 비율과 동일하다는 흥미로운 제안이 가능하다. 그러나 우주는 시간이 흐름에 따라 팽창하고 있고, 이는 중력상수가 시간에 따라 바뀐다는 것을 의미한다. 물론 그것은 가능성일 뿐이며, 사실이라는 증거는 전혀 없다. 중력상수가 그렇게 변하지 않는다는 것을 시사하는 여러 부분적인 증거들이 있다. 따라서 이 엄청난 숫자는 신비로 남아 있다.

중력 이론에 대한 논의를 마무리짓기 위해 두 가지를 더 언급하겠다. 하나는 아인슈타인이 그의 상대성 원리에 따라 중력법칙을 수정해야만 했다는 것이다. 그 원리의 첫 번째 요소는, 힘이 즉각적으로 작용한다고 주장하는 뉴턴 이론에 반하여, 어떤 임의의 사건 '*x*'도 순식간에 일어날 수는 없다는 것이다. 그는 뉴턴의 법칙들을 수정해야만 했다. 이 수정은 매우 작은 영향을 미친다. 그 가운데 하나는 모든 질량들이 자유낙하 중이고, 빛은 에너지를 갖고, 에너지는 질량과 동등하다는 것이다. 그래서 빛도 자유낙하한다. 이는 태양 근처를 지나는 빛이 휘어진다는 것을 뜻한다. 실제로 빛은 휜다. 또한 중력의 힘도 아인슈타인의 이론에서 조금 수정되었다. 그래서 법칙은 아주 조금 수정되었는데, 그 수정은 수성의 운동에서 관측된 약간의 편차를 설명하기에 딱 알맞은 크기였다.

끝으로 작은 규모의 세계에 관한 물리법칙과 관련하여 언급할 것이 있다. 작은 규모에서 물질은 큰 규모에서와는 다르게 행동하며, 또한 매우 다른 법칙들을 따른다는 것이 밝혀졌다. 그렇다면 '중력은 작은 규모의 세계에서 어떻게 나타날까?'라는 질문을 던질 수 있다. 이 질문에 답하기 위한 노력은 중력의 양자론이라고 부른다. 현재 중력의 양자론은 존재하지 않는다. 사람들은 불확정성 원리와 양자역학적 원리에 일관되는 중력 이론을 완성하는 데 성공하지 못했다. 여러분은 나에게 이렇게 반문할지도 모른다.

"좋아요, 무슨 일이 일어나는지는 잘 들었어요. 하지만 도대체 중력이 무엇인가요? 중력의 근원이 무엇인가요? 설마 행성이 태양을 쳐다본 다음에 거리가 얼마나 되는지 확인하고, 거리의 역제곱을 계산하여, 역제곱 법칙에 따라 운동하기로 결정한다는 얘기는 아니겠지요?"

다른 말로 표현한다면, 나는 수학적 법칙을 말했을 뿐, 중력의 작동원리에 대해서는 전혀 실마리를 주지 않았다. 나는 다음 강의 '물리학과 수학의 관계'에서 중력의 작동원리를 말할 수 있는 가능성에 관해 논할 것이다.

이 강의에서는 마지막으로, 중력이 앞에서 언급했던 다른 법칙과 공통적으로 가지는 몇 가지 특징들을 강조하고자 한다. 첫째, 중력법칙은 수학적으로 표현된다. 다른 물리법칙들도 마찬가지다. 둘째, 중력법칙은 완전하지 않다. 아인슈타인은 그것을 수정해야만 했고, 아인슈타인의 법칙 역시 완전하지 않다는 것을 우리는 알고 있다. 왜냐하면 여전히 양자 이론이 접목되어야 하기 때문이다. 마찬가지로 다른 모든 물리법칙들도 완전하지 않다. 미지의 가장자리는 항상 존재하고, 우리가 기웃거려야 할 곳들은 항상 있다. 이것이 자연 자체의 성질인지 아닌지 우리는 모르지만, 현재 우리가 알고 있는 모든 물리법칙들은 확실히 그런 자연을 표현한다. 어쩌면 우리가 부족한 지식만을 가지고 있기 때문인지도 모르겠다.

어쨌든 가장 인상적인 사실은 중력법칙이 단순하다는 것이다. 그 누구도 중력법칙의 개념들을 오해하지 않도록 완벽하게 중력의 원리들을 진술할 수 있고, 그 진술은 단순하다. 진술은 단순하고, 그래서 아름답다. 패턴도 간단하다. 물론 중력의 실제 작용도 간단하다고 말하는 것은 아니다. 여러 행성들의 운동과 상호 간의 교란은 너무 복잡해서 완벽하게 풀 수 없을 수도 있으며, 구상성단 속에 있는 모든 별들이 어떻게 운동하는가를 푸는 것은 우리의 능력을 훨씬 뛰어넘는다. 중력의 작용은 복잡하지만, 기반에 있는 기본적인 패턴 혹은 체계는 단순하다. 이 점도 모든 물리법칙들이 공유하는 특징이다. 비록 실제 작용에서는 복잡하다 하더라도 모든 물리법칙들은 단순함이 밝혀졌다.

마지막으로 중력법칙의 보편성을 언급할 수 있다. 태양계를 연구한 뉴턴이 캐번디시 실험의 결과를 예측할 수 있을 만큼 중력은 폭넓게 작용한다. 캐번디시 실험의 작은 태양계 모형, 즉 서로를 끌어당기는 두 구슬은 1백만의 1천만 배로 확대해야 태양계 규모가 된다. 태양계를 다시 1백만의 1천만 배로 확대하면, 역시 정확히 똑같은 중력법칙에 의해 서로를 끌어당기는 은하계들을 만나게 된다. 자연이라는 천에 있는 패턴들은 가장 긴 실로 수놓아져 있다. 그래서 각각의 작은 천 조각이 자연 전체의 조직을 보여준다.

2 물리학과 수학의 관계

수학이 물리학에 응용되는 경우들을 생각하노라면, 아주 자연스럽게 큰 수가 등장하는 복잡한 상황과 관련해서 수학이 유용할 것이라는 생각이 떠오른다. 예를 들어 생물학에서 박테리아에 대한 바이러스의 작용은 수학적이지 않다. 현미경을 통해 관찰하면, 꼬물거리는 작은 바이러스 하나가 이상하게 생긴 박테리아—박테리아의 모양은 제각각 다르다—의 한 지점에 붙는 것을 볼 수 있다. 바이러스는 자신의 DNA를 박테리아에 삽입할 수도 있고, 그렇지 않을 수도 있다. 그러나 우리가 엄청나게 많은 박테리아와 바이러스를 가지고 실험한다면, 결과들의 평균을 취하여 바이러스에 대한 많은 것들을 알아낼 수 있다. 바이러스가 박테리아 내부에서 발달하는지, 어떤 새로운 종족들이 어떤 비율로 생기는지 등을 우리는 수학을 이용해서 평균치를 구함으로써 알 수 있다. 이런 방식으로 우리는 유전학, 돌연변이 등을 연구할 수 있다.

좀더 간단한 다른 예를 들어보면, 어마어마하게 큰 체스판을 생각해보자. 어떤 말 하나를 실제로 한 번 움직이는 것은 수학적이지 않거나, 기껏해야 매우 단순한 수학과 관련된다. 하지만 수많은 말들이 있는 무한히 커다란 판에서 가장 최선의 수를 두는 것, 혹은 좋은 수나 나쁜 수를 두는 것을 분석해내려면 깊은 사고력이 동원되어야 하고, 일단 수를 둔 다음 깊이 반성하는 과정이 필요할 것이다. 이 일은 깊은 사고력을 포함하는 수학을 필요로 한다. 다른 예로 컴퓨터의 스위치를 들 수 있다. 켜거나 끌 수 있는 스위치가 하나만 있는 경우에는 별다른 수학이 필요하지 않다. 물론 수학자들은 거기서부터 수학을 시작하고 싶어하지만 말이다. 반면에 수많은 스위치들이 서로 연결된 적당히 큰 계와 관련해서는 수학이 필요하다.

단도직입적으로 말하자면, 수학은 게임의 기본 규칙들을 제공함으로써 복잡한 상황들을 상세하게 논의하는 물리학에서 매우 폭넓게 응용되고 있다. 수학과 물리학의 관계와 관련해서 내가 가장 많은 시간을 할애하여 얘기하고 싶은 내용은 바로 그렇게 응용되는 수학에 관한 것이다. 그러나 지금 나는 물리법칙의 특성에 관해 강의하고 있으므로, 복잡한 상황과 관련된 논의를 피하고 기본 법칙들의 특성과 관련된 문제만을 논의할 것이다.

다시 체스로 돌아가보자. 기본 법칙들은 말들을 움직이는 규칙들이다. 주어진 복잡한 상황에서 어떻게 하는 것이 좋은 수가 될 것인가를 알아내기 위하여 수학을 이용할 수 있을 것이다. 하지만 기본 법칙들의 단순한 기초적 특성과 관련해서는 수학이 거의 필요치 않다.

체스와는 달리 물리학에서는 특이한 점이 있는데, 그것은 물리학의 경우 기본 법칙들에서도 여전히 수학이 필요하다는 것이다. 나는 두 가지 예를 들겠는데, 하나는 우리가 실제로 수학을 필요로 하는 경우이고, 다른 하나는 그렇지 않은 경우이다. 먼저, 물리학의 법칙 가운데 패러데이 법칙이라는 것이 있다. 이 법칙에 따르면, 전기분해에서 침전되는 물질의 양은 전류 및 전류가 흐른 시간에 비례한다. 즉 침전되는 물질의 양은 계를 통과하는 전하량에 비례한다. 이것은 매우 수학적으로 들리지만, 실상을 보면 전선을 지나가는 전자들 각각이 단위 전하량을 운반한다는 것에 지나지 않는다. 예를 들어 하나의 원자를 침전시키기 위해 전자 한 개가 필요하다면, 침전되는 원자들의 수는 흐르는 전자들의 수와 같아야 하며, 따라서 원자들의 수는 전선을 지나는 전하량에 비례하게 된다. 이렇게, 수학적으로 보이지만 실제로는 수학 지식을 전혀 필요로 하지 않는 법칙들이 있다. 원자 각각을 침전시키기 위해 전자 한 개가 필요하다는 것도 수학적인 사건이지만, 내가 여기에서 이야기하고자 하는 수학은 그런 종류의 수학이 아니다.

반면에 앞장에서 논의했던 뉴턴의 중력법칙의 경우를 보자. 그 법칙은 다음과 같은 방정식으로 표현된다.

$$F = G\frac{mm'}{r^2}$$

수학적 기호들이 얼마나 신속하게 정보를 전달할 수 있는지 보여주기 위해 방정식을 적어보았다. 이 법칙과 관련해서 나는, 힘은 두 물체 질량의 곱에 비례하고 그들 사이의 거리 제곱에 반비례하며, 물체는 속도 변화 또는 운동 변화를 통해 힘에 반응한다고 설명했다. 이때 가속도는 힘과 방향이 같으며 물체의 질량에 반비례하고 힘에 비례하는 크기이다. 이 설명은 모두 옳다. 그래서 나는 방정식을 쓸 필요가 없었다. 그럼에도 불구하고 이 법칙은 여전히 수학적이어서, 도대체 어떻게 기본 법칙이 될 수 있을까 의심하게 된다. 행성이 무엇을 한다는 말인가? 행성이 태양을 관측하여 얼마나 멀리 떨어져 있는가를 알아내고, 거리 제곱에 반비례하는 양을 행성 내부의 계산기로 계산하여 얼마나 운동할 것인가를 결정한다는 말인가? 이 법칙은 중력의 작동원리를 설명하는 법칙이 전혀 아니다! 여러분은 더 깊이 탐구하기를 원할지도 모른다. 실제로 많은 사람들이 그런 시도를 했다. 뉴턴 자신도 중력법칙과 관련해서 다음과 같은 질문을 받았다.

"그 법칙은 아무 의미가 없습니다. 아무것도 말해주지 않잖아요?"

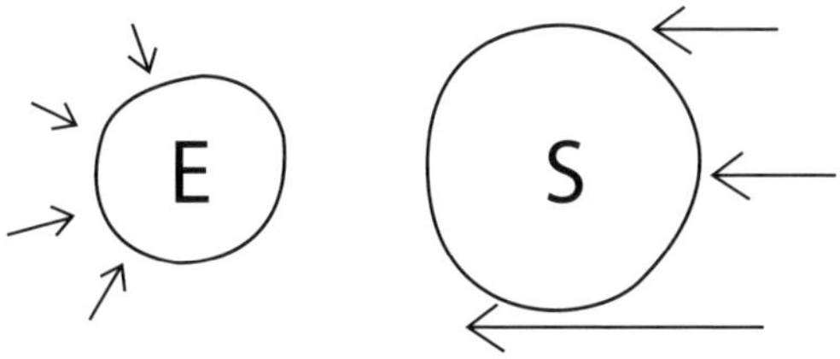

[그림 7] 우주의 모든 곳에서 지구(E)를 향해 수많은 알갱이들이 균등하게 날아오는 상황에서 태양(S) 쪽에서 지구를 향해 날아오는 알갱이는 태양에 부딪히기 때문에 지구까지 도달하는 알갱이는 그 수가 적다. 그러므로 지구는 거리의 제곱에 반비례하여 태양 쪽으로 끌려갈 것이다.

뉴턴은 이렇게 대답했다.

"그 법칙은 행성이 어떻게 운동하는가를 보여줍니다. 그것으로 충분합니다. 내가 얘기하는 것은 왜 운동하는가가 아니라 어떻게 운동하는가니까요."

그러나 사람들은 흔히 작동원리가 없으면 만족하지 못하므로, 나는 여러분이 원하는 유형의 이론들 중에서 한 이론을 소개하고자 한다. 그 이론은 행성의 운동이 수많은 작용의 결과라고 제안하는데, 그렇다면 중력법칙이 왜 수학적인가를 쉽게 이해할 수 있을 것이다.

우주의 모든 곳에서 매우 빠른 속력으로 우리에게 날아오는 수많은 알갱이들이 있다고 하자. 그들은 모든 방향에서 마치 총알처럼 균등하게 날아오며 가끔씩 우리에게 부딪혀 충격을 가한다. 그 알갱이들은 사실상 우리들과 태양을 관통하지만 완전히 관통하지는 않기 때문에, 그들 가운데 일부는 충격력을 발휘한다. 그렇다면 어떤 일이 벌어질지 살펴보자([그림 7]).

S는 태양이고, E는 지구이다. 태양이 없다면, 알갱이들은 모든 방향에서 지구에 부딪힐 것이고, 그때마다 지구에 작은 충격을 주게 될 것이다. 하지만 이것 때문에 지구가 특별한 방향으로 흔들리게 되지는 않을 것이다. 왜냐하면 한 방향에서 부딪히는 만큼 그 반대쪽에서도 부딪힐 것이기 때문이다. 즉 위로부터 부딪히는 것만큼 밑으로부터도 부딪힐 것이기 때문이다. 어쨌든 태양이 있으면, 태양에 부딪히는 알갱이 가운데 일부는 태양을 통과하지 못하므로, 태양을 향하여 다가오는 알갱이는 부분적으로 태양에 의해 흡수된다. 그러므로 태양 쪽에서 지구를 향하여 다가오는 알갱이는 태양이라는 장애물에 부딪히기 때문에 다른 쪽에서 다가오는 알갱이보다 수가 줄어들게 된다. 태양이 더 멀리 떨어져 있다면, 지구로 다가오는 알갱이들 중에서 태양에 흡수되는 알갱이들의 비율이 더 작아진다는 것을 쉽게 이해할 수 있다. 실제로 태양은 거리의 제곱에 반비례하여 더 작은 흡수 효과를 낸다. 그러므로 지구는 태양 쪽으로 거리의 제곱에 반비례하여 끌려갈 것이다. 이 효과는 모든 방향에서 일어나는 매우 단순한 과정, 즉 수많은 충돌의 결과이다. 그러므로 중력법칙이 지닌 수학적 낯설음은 상당 부분 해소될 것이다. 중력을 설명하기 위한 기본 연산이 거리의 역제곱을 계산하는 것보다 훨씬 단순화되었기 때문이다. 충돌하는 알갱이들을 상정하는 이 이론은 실제로 그런 식으로 중력을 계산한다.

이 이론의 유일한 어려움은, 다른 이유들로 인해 이 이론이 작동하지 않는다는 것이다. 모든 고안된 이론은 모든 가능한 결과들과 관련해서 분석되어야 하고, 이를 통해 무언가 다른 것을 예측하지는 않는지 확인되어야 한다. 실제로 이 이론은 무언가 새로운 것을 예측한다. 지구가 운동하고 있다면, 뒷면보다 정면으로 더 많은 알갱이들이 부딪히게 될 것이다(당신이 빗속에서 달리고 있다면, 뒤통수보다 이마에 더 많은 비를 맞게 될 것이다. 왜냐하면 당신이 비를 향해 달려가고 있기 때문이다). 지구가 운동한다면, 지구는 지구를 향하여 다가오는 알갱이들을 향해 달리면서 뒤에서 쫓아오는 알갱이들로부터 멀어지고 있는 것이다. 따라서 지구는 뒤쪽에서보다 앞쪽에서 더 많은 알갱이들과 부딪히게 되어 지구의 운동을 억제하는 힘을 받을 것이다. 이 힘으로 인하여 지구의 궤도 운동 속도는 줄어들게 될 것이고, 따라서 지구의 궤도 운동이 (적어도) 삼사십억 년 동안 지속될 수는 없을 것이다. 자, 알갱이 충돌 이론은 여기서 끝이 났다. 여러분은 이렇게 말할지도 모른다.

"하지만 그 이론은 훌륭했어요. 잠시나마 수학을 없앨 수 있었으니까요. 어쩌면 내가 더 좋은 이론을 고안할 수 있을지도 몰라요."

아무도 궁극적인 진실을 알 수 없으므로, 그런 말들을 허용할 수 있을지도 모른다. 그러나 뉴턴 시대 이래 오늘날까지, 사람들이 중력의 작동원리를 설명하기 위해 고안한 이론들은 모두 뉴턴 이론과 일치했거나, 수학적으로 더 난해했거나, 또는 어떤 잘

못된 현상을 예측했다. 그래서 오늘날에는 수학적 공식만이 있을 뿐 다른 중력 이론 모형은 존재하지 않는다.

이렇게 작동원리는 없이 수학적 공식만을 최종적인 기반으로 한다는 특성을 오직 중력법칙만이 가지고 있다면, 이는 흥미로울지는 몰라도 그다지 대단한 일은 아닐 것이다. 그러나 우리가 아는 바에 따르면, 연구하면 할수록 더 많은 법칙들이 발견되고, 우리가 지연을 더 깊이 이해하면 할수록 이 병적인 특성은 더 팽배해진다. 우리가 가진 법칙들 모두는 다소 복잡하고 난해한 수학을 이용하는 순수하게 수학적인 진술들이다. 중력법칙에 대한 뉴턴의 진술은 비교적 간단한 수학이다. 연구가 진행될수록 수학은 점점 더 모호해지고 어려워진다. 왜일까? 나로서는 전혀 모르겠다. 그렇다는 사실을 얘기하는 것이 여기서 내가 의도하는 것 전부이다. 나는 강연자로서, 수학에 대한 깊은 이해가 없는 사람들에게, 느낄 수 있는 방식으로 자연 법칙들의 아름다움을 진지하게 설명하는 것은 불가능하다는 사실을 강조하지 않을 수 없다. 유감이지만, 그것이 진실인 듯하다. 여러분은 이렇게 물을지도 모른다.

"좋아요, 법칙에 대한 설명이 없다면, 대신에 적어도 법칙이 무엇인가는 이야기해주세요. 기호 대신에 말로 얘기할 수는 없나요? 수학은 단지 언어이니까, 그 언어를 번역할 수 있기를 원해요."

사실 나는 인내심을 가지고 그런 얘기를 할 수 있고, 또 부분적으로는 이미 그런 얘기를 했다고 생각한다. 거리가 두 배로 된다면 힘은 4분의 1로 된다는 것 등을 자세히 설명할 수 있다. 모든 기호들을 말로 바꿀 수도 있다. 달리 말해 내가 어떤 것을 설명해주기를 기다리며 희망을 갖고 앉아 있는 일반인들을 친절하게 대해줄 수 있다. 어렵고 심오한 주제들을 일반인에게 맞는 언어로 설명하는 재능과 관련해서 사람들은 제각각 다른 평판을 내린다. 최선의 설명을 들은 후에도 일반인들은, 심지어 나 같은 최고의 해설자가 설명했음에도 불구하고, 복잡한 얘기가 없는 설명이 어딘가 있지 않을까 기대하면서 이 책 저 책 뒤지곤 한다. 대개는 읽으면 읽을수록 복잡한 설명들이 이어지고 난해한 내용들이 겹치고, 겉보기에 서로 관계가 없는 얘기들이 계속되어 혼란만 더욱 가중된다…… 아니야, 그래도 이젠 거의 이해했어—다른 작가라면 더 잘 설명했을지도 몰라.

그러나 나는 그렇게 이해하는 것이 가능하다고 생각하지 않는다. 왜냐하면 수학은 단지 다른 언어에 불과한 것이 아니기 때문이다. 수학은 언어이고 동시에 추론이다. 말하자면 수학은 언어와 논리가 복합된 산물이다. 수학은 추론을 위한 도구이다. 실제로 수학은 여러 사람들의 주의 깊은 사유와 추론의 결과들을 모아놓은 집합물이다. 수학을 통하여 어떤 진술을 다른 진술과 연결할 수 있다. 이를테면 나는 행성에 작용하는 힘이 태양을 향한다고 말할 수도 있고, 혹은 내가 했던 것처럼, 행성이 운동할 때 태양과 행성을 이은 선분의 예를 들어 3주 동안 쓸고 지나간 넓

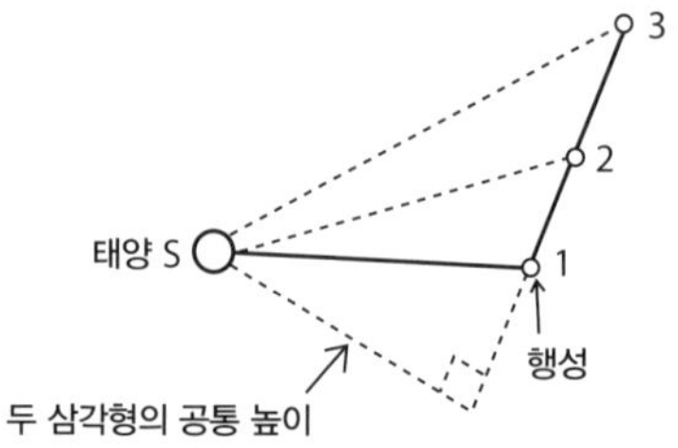

[그림 8] 태양이 행성에 힘을 작용하지 않는다면, 위치 1에 있는 행성은 1초 뒤에 위치 2로 이동하고, 또 1초 뒤에 위치 3으로 이동한다.

이는 다음 3주 동안 쓸고 지나갈 넓이와 정확히 똑같고, 계속해서 그 다음 3주 동안에도 똑같을 것이라고 말할 수도 있다. 나는 이 두 말 각각을 자세히 설명할 수 있지만, 왜 그들이 둘 다 같은 말인지는 설명할 수 없다. 겉보기에 자연이 지닌 엄청난 복잡성과 여러 재미있는 법칙과 규칙들—여러분은 이들 각각에 대한 설명을 자세히 들었다—은 실제로 매우 밀접하게 얽혀 있다. 그러나 여러분이 수학을 이해하지 못한다면, 엄청나게 다양한 사실들 속에서 당신이 논리를 이용하여 한 사실에서 다른 사실로 건너갈 수 있다는 것을 이해할 수 없을 것이다.

여러분은 의심할지 모르지만, 만일 힘이 태양을 향한다면, 행성이 같은 시간에 같은 넓이를 쓸고 지나간다는 것을 나는 증명할 수 있다. 자, 여러분이 허락한다면, 이제부터 그 두 사실이 실제로 동등함을 보여주는 증명을 하겠다. 그 증명을 통해 당신은 두 법칙이 무엇을 진술하는지를 아는 것 이상을 얻을 수 있을 것이다. 나는 그 두 법칙이 서로 연결되어 있기 때문에, 추론만으로

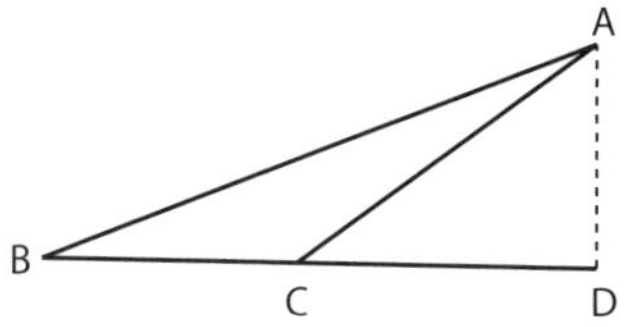

[그림 9] [그림 8]에서 행성이 쓸고 지나가는 넓이를 구하는 것은 삼각형 ABC처럼 둔각삼각형의 넓이를 구하는 것과 같다.

하나에서 다른 하나로 넘어갈 수 있음을 보여줄 것이다. 또한 수학은 단지 조직화된 추론이라는 것을 보여줄 것이다. 이를 통해 당신은 두 진술 사이에 성립하는 관계의 아름다움을 감상할 수 있게 될 것이다. 지금부터 힘이 태양을 향한다면, 행성이 같은 시간 동안에 같은 넓이를 쓸고 지나간다는 것을 증명해 보이겠다.

[그림 8]에서처럼 태양과 한 행성이 있고, 어떤 특정한 시각에 행성의 위치가 1이라고 생각해보자. 행성은 1초 뒤에 위치 2로 이동하는 운동을 한다. 태양이 행성에 힘을 작용하지 않는다면, 갈릴레오의 관성원리에 의해 행성은 계속하여 직선을 따라 운동하게 된다. 따라서 똑같이 1초가 지난 후에 행성은 직선을 따라 똑같은 거리를 운동하여 위치 3에 가게 될 것이다. 먼저 아무런 힘이 없는 경우, 행성이 같은 시간에 같은 넓이를 쓸고 지나간다는 것을 증명해보자. 삼각형의 넓이는 밑변 곱하기 높이의 $\frac{1}{2}$이고, 높이는 밑변에서 꼭지점까지의 수직 거리임을 상기하라. [그림 9]처럼 삼각형이 둔각삼각형이라면, 높이는 $\overline{AD}$이고 밑변은 $\overline{BC}$가 된다. 이제 [그림 8]에서처럼 태양이 어떤 힘도 작용하지

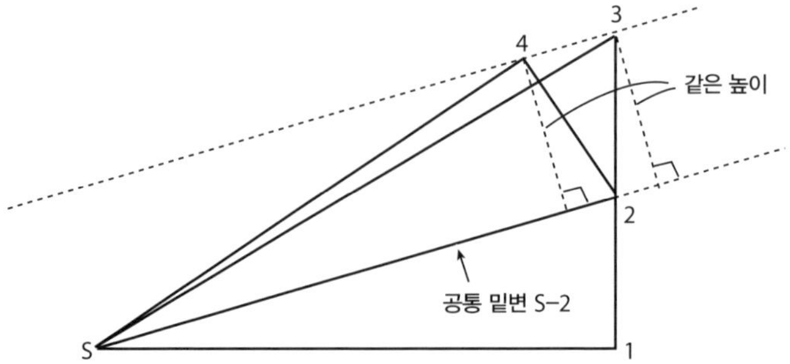

[그림 10] 직선 1-2 위에서 운동하는 행성은 태양의 영향을 받아 위치 3에 이르지 못하고 위치 4에 이르게 된다.

않는 경우, 행성이 쓸고 지나가는 넓이를 비교해보자.

거리 1-2와 2-3은 서로 같음을 기억하라. 문제는 '두 삼각형의 넓이가 같은가?'이다. 태양과 두 점 1과 2로 만든 삼각형의 넓이는 얼마인가? 밑변 1-2에 밑변에서 S까지의 수직 높이의 $\frac{1}{2}$을 곱하면 넓이를 구할 수 있다. 2에서 3으로의 운동과 관련된 다른 삼각형은 어떤가? 그 삼각형의 넓이는 밑변 2-3에 S까지의 수직 높이의 $\frac{1}{2}$을 곱한 값과 같다. 두 삼각형은 똑같은 높이를 가지고 있고, 이미 언급했듯이 똑같은 밑변을 가지고 있으므로, 두 삼각형의 넓이는 같다. 여기까지는 쉽게 증명되었다. 태양이 아무 힘도 작용하지 않는다면, 행성은 같은 시간에 같은 넓이를 쓸고 지나가게 된다. 그러나 사실상 태양은 힘을 작용한다. 행성이 간격 1-2-3을 이동하는 동안 태양은 행성을 끌어당겨 태양 쪽으로 운동이 바뀌도록 만든다. [그림 10]에서처럼 중앙 위치 또는 평균 위치 2를 설정하고, 간격 1-3 동안 힘에 의해 일어난 모든 효과는, 직선 2−S의 방향에서 일어난 일정한 양만큼의 운동 변화라고 간주하자. 이것은 훌륭한 근사이다.

다시 말해서 행성은 직선 1−2 위에서 운동하고 있었고, 만일 태양이 작용하는 힘이 없었다면 다음 1초 동안 계속해서 동일한 직선 위에서 운동했을 것인데, 태양의 영향 때문에 행성의 운동이 직선 2−S와 나란한 방향으로 일정한 양만큼 바뀌게 되었다는 것이다. 그러므로 실제 일어난 운동은 행성이 하고자 했던 운동과 태양의 작용에 의해 일어난 변화를 합한 것이 된다. 그래서 행성은 실제로 위치 3에 이르지 못하고 오히려 위치 4에 이르게 된다. 이제 삼각형 23S와 삼각형 24S의 면적을 비교하여, 이들의 넓이가 같음을 보여줄 수 있다. 그들은 똑같은 밑변 S−2를 가진다. 그들은 동일한 높이를 가지고 있는가? 물론 그렇다. 두 삼각형이 모두 평행한 직선 사이에 있기 때문이다. 4에서 직선 S−2까지의 거리와 3에서 직선 S−2까지의 거리는 같다. 그러므로 삼각형 S24의 넓이는 삼각형 S23과 똑같다. 앞에서 삼각형 S12와 삼각형 S23이 같은 넓이라는 것을 증명했고, 이제 $\triangle S12 = \triangle S24$임을 증명했다. 따라서 행성의 실제 궤도 운동에서, 처음 1초와 다음 1초에 행성이 쓸고 지나가는 넓이는 같다. 우리는 이렇게 추론을 통해서, 힘이 태양을 향한다는 사실과 행성이 쓸고 지나가는 넓이가 같다는 사실 사이의 관계를 알게 되었다. 대단히 독창적인 추론이라는 생각이 들지 않는가? 이 증명들은 뉴턴이 했던 것으로 그의 저서

『프린키피아*Principia*』에 그림과 함께 모두 들어 있다. 다만 글만 다르다. 뉴턴은 라틴어를 썼고 우리는 아라비아 숫자를 썼다.

『프린키피아』에서 뉴턴은 모든 것을 기하학적으로 증명했다. 오늘날 과학자들은 그런 추론을 사용하지 않는다. 우리는 기호들을 동원해서 일종의 해석학적 추론을 한다. 삼각형들을 올바로 그리고, 그들의 면적과 관련된 사항들을 인식하고, 그래서 어떻게 증명할지를 간파하는 데는 창의력이 필요하다. 그러나 뉴턴 이후 더 빠르고 효율적인 해석학적 방법이 개발되었다. 나는 당신에게 그 현대적인 방법이 어떤 기호들로 표현되는지 보여주고자 한다. 달라지는 것은 좀더 많은 기호들을 써야 한다는 것뿐이다.

나는 삼각형의 넓이가 얼마나 빠르게 변하는가를 이야기하고 싶은데, 일단 그 변화의 정도를 $\dot{A}$라고 나타내자. 그 넓이는 반지름을 나타내는 선분이 돌아갈 때 변한다. 다시 말해서 반지름에 직각인 속도 성분에 반지름을 곱한 값만큼 넓이가 변한다. 그러므로 속도 변화 $\dot{A}$는 반지름의 길이 성분에 반지름 변화를, 즉 반지름 길이의 변화를 곱한 값과 같다. 이는 다음과 같은 식으로 표현된다.

$$\dot{A} = \vec{r} \times \dot{\vec{r}}$$

문제는 이제 '넓이의 변화율 자체도 변하는가?'이다. 행성 운동의 원리에 따르면, 넓이의 변화율은 변하지 않아야 한다. 그러므로 $\dot{A}$을 한 번 더 미분해보자. 이때 미분한다는 것은 적당히 점을 찍는 것에 불과하다. 물론 당신은 그 기술을 배워야만 한다. 그 기술은 이런 문제와 관련해서 대단히 유용하다는 것이 밝혀진 일련의 규칙들일 뿐이다. 우리는 다음과 같이 공식을 적을 수 있다.

$$\ddot{A} = \dot{\vec{r}} \times \dot{\vec{r}} + \vec{r} \times \ddot{\vec{r}} = \vec{r} \times \frac{\vec{F}}{m}$$

첫 항은 속도에 직각인 속도의 성분을 취하는 것을 뜻한다. 그것은 당연히 0이다. 속도는 자기 자신과 똑같은 방향을 지니기 때문이다. r에 점을 두 번 찍은 기호, 다시 말해서 두 번 미분한 것을 나타내는 기호는 속도를 미분해서 얻은 가속도를 뜻하며, 이는 힘을 질량으로 나눈 것과 같다.

그러므로 위의 공식은 넓이 변화율의 변화율은 반지름에 직각인 힘의 성분과 같음을 의미한다. 그러나 힘이 반지름 방향으로만 작용한다면, 다음의 식이 성립한다.

$$\vec{r} \times \frac{\vec{F}}{m} = 0 \text{ 즉 } \ddot{A} = 0$$

뉴턴이 말했듯이, 이 경우에는 반지름에 직각인 힘은 전혀 없다. 이는 넓이 변화율이 변하지 않음을 뜻한다. 이 얘기는 단지 다른 종류의 기호를 써서 해석하는 방법의 능력을 보여주기 위한 것일 뿐이다. 비록 약간 다른 기호들을 사용했지만 뉴턴 자신도 이 방법을 대략적으로 알고 있었다. 하지만 그는 모든 것을 기하학적인 형태로 기술했는데, 이는 사람들이 그의 논의를 이해할 수 있도록 하기 위해서였다. 그는 내가 방금 낯선 기호들을 써서 보여준 것과 같은 종류의 수학인 미적분학을 창안한 장본인이다.

이 예는 수학과 물리학의 관계를 훌륭하게 보여준다. 물리학에서 문제가 난해해질 때 우리는, 이미 유사한 문제를 연구하고 우리가 이해할 수 있는 추론 방법을 마련해놓았을지도 모르는 수학자들에게 자문을 구할 수 있다. 만일 수학자들이 추론 방법을 마련해놓지 않았다면, 우리가 스스로 추론 방법을 만들어내고, 그것을 수학자들에게 되돌려주어야 한다. 무엇에 관해서든 주의 깊게 추론하는 사람은, 우리가 무언가 생각할 때 어떤 일이 벌어지는지에 관한 지식에 기여하게 되고, 만일 당신이 그 일을 추상화하여 수학자들에게 가져간다면, 수학자들은 당신의 얘기를 바탕으로 수학의 한 분야를 만들 것이다. 수학은 한 집합의 진술들로부터 다른 집합의 진술들로 이행하는 방법이다. 이 이행은 물리학에서 매우 유용하다. 왜냐하면 우리는 사물에 관해 얘기하는 여러 방법들을 가지고 있기 때문이다. 수학은 우리로 하여금 결과들을 끌어내고, 상황을 분석하고, 다양한 진술들을 연결하여 법칙들을 개량할 수 있도록 해주기 때문이다. 사실 물리학자가 알고 있는 지식의 총량은 매우 작다. 물리학자는 하나에서 다른 하나로 이행하는 규칙들만 기억하면 된다. 그것으로 충분하다. 왜냐하면 동일한 시간 간격과 관련된 다양한 진술들, 혹은 힘이 반지름 방향으로 작용한다는 진술들 등이 추론에 의해 연결되기 때문이다.

이제 다음과 같은 흥미로운 질문을 제기할 수 있다. 모든 유도 작업을 위한 특정한 출발점이 있을까? 자연 속에 어떤 특정한 패턴이나 질서가 있어서, 이를 기반으로 하여 우리가 보다 근본적인 진술들과 보다 파생적인 진술을 구분할 수 있을까? 수학을 고찰하는 데는 두 가지 방법이 있다. 이 강연과 관련해서 나는 그 두 방법을 각각 바빌로니아 전통과 그리스 전통이라고 명명하려 한다. 바빌로니아 학교에서 수학을 배우는 학생들은 규칙을 깨달을 때까지 수많은 예제를 풀어야 한다. 학생들은 기하학의 많은 부분들, 원의 여러 성질들, 피타고라스 정리, 입방체 및 삼각형의 넓이 공식 등을 배우게 될 것이다. 그뿐만 아니라 한 사안에서 다른 사안으로 옮겨가는 논증도 어느 정도 이용할 수 있게 될 것이다. 그들은 또한 준비된 수치 표를 이용해서 복잡한 방정식도 풀 수 있을 것이다. 그러나 유클리드는 기하학의 모든 정리들을 매우 간단한 공리들의 집합으로부터 질서 있게 도출하는 방법이 있음을 깨달았다. 만일 당신이 바빌로니아인의 태도—또는 내가 바빌로니아 수학이라고 부르는 것—를 따른다면, 당신이 모든 다양한 정리들을 알고 그 정리들 사이의 많은 연관성을 안다 하더라도, 당신은 그 모든 것이 소수의 공리들로부터 유도될 수 있음을 결코 완전하게 깨달을 수는 없을 것이다. 가장 현대적인 수학들은, 공리로 받아들일 수 있는 것과 없는 것에 관한 관습적 개념틀 안에서 공리와 논증에 논의를 집중시키고 있다. 현대 기하학은 유클리드 공리와 유사하면서 보다 완벽하게 하기 위해 수정된 공리들을 설정하고, 이들로부터 체계를 유도하는 과정을 보여준다. 예를 들어 피타고라스 정리(직각삼각형의 두 변 위에 놓인 정사각형의 넓이 합은 빗변 위에 놓인 정사각형의 넓이와 같다)가 공리라는 것은 유클리드 기하학자 중 아무도 예측할 수 없었을 것이다. 그러나 다른 종류의 기하학, 즉 데카르트 기하학에서는, 피타고라스 정리는 공리이다.

따라서 당신이 가장 먼저 받아들여야 하는 것은 수학에서조차도 출발점이 다를 수 있다는 것이다. 만일 모든 다양한 정리들이 추론에 의해 서로 연결된다면, "이러이러한 정리들이 가장 기본적인 공리들이다."라고 말할 수 있는 길은 전혀 없다. 왜냐하면 다른 정리들을 출발점으로 삼는다 해도, 다른 길을 통해 추론할 수 있기 때문이다. 이는 마치 충분히 많은 다리들로 연결된 연결망과 같다. 한 다리가 끊어지면, 다른 길을 통해 다시 연결을 회복시킬 수 있다. 오늘날의 수학적 전통 속에서 우리는 일종의 관례에 의해 선정된 특정한 생각들, 즉 공리들로부터 시작하여 구조를 짓는다. 반면에 내가 바빌로니아적 태도라고 명명한 태도를 가진 사람은 이렇게 말한다.

"나는 우연히 이것을 알았고, 또 우연히 저것을 알았다. 그 앎을 기반으로 해서 나는 추론한다. 내일 나는 어쩌면 이것이 참이라는 것을 잊을지도 모른다. 그러나 나는 다른 어떤 것이 참이라는 것을 기억할 것이고, 그것을 기반으로 해서 이 모든 것을 재구성할 수 있을 것이다. 어디서 시작해야 하고, 어디서 끝맺어야 하는가에 관해 나는 확실히 아는 바가 없다. 나는 단지 기억이 사라지고 조각들이 빠져나감에도 불구하고 항상 모든 것을 복원할 수 있을 만큼만 기억할 뿐이다."

항상 공리로부터 시작하는 방법이 정리를 얻는 데 매우 효과적인 것은 아니다. 기하학에서 어떤 연구를 할 때, 당신이 매번 공리들에서 시작한다면, 당신의 연구는 효율적이지 못할 것이다. 몇 개의 기하학 공리들을 외운다면, 당신은 어떤 결론이라도 유도할 수 있다. 그러나 기하학 연구는 다른 방법으로 하는 것이 훨씬 더 효과적이다. 어느 것이 최고의 공리인가를 결정해놓는 것이 반드시 해당 영역을 가장 효과적으로 탐사하는 방법일 필요는 없다. 물리학에서는 유클리드적 혹은 그리스적 방법이 아니라 바빌로니아적 방법이 필요하다. 왜 그런가를 설명하겠다.

유클리드적 방법이 지닌 문제는, 공리를 무언가 더 흥미 있거나 더 중요한 사실로 만든다는 것에 있다. 그러나 예를 들어 중력과 관련해서 유클리드적 방법을 택한 우리는 다음과 같은 질문을 던지게 될 것이다. 힘이 태양을 향하고 있다고 말하는 것과, 행성이 같은 넓이를 같은 시간에 쓸고 지나간다고 말하는 것 가운데 어느 것이 더 중요한가, 혹은 더 기본적인가, 혹은 더 좋은 공리인가? 한 관점에서는 힘과 관련된 진술이 더 좋다. 만일 내가 힘이 무엇인가를 말한다면, 나는 타원이 아닌 궤도로 운동하는 수

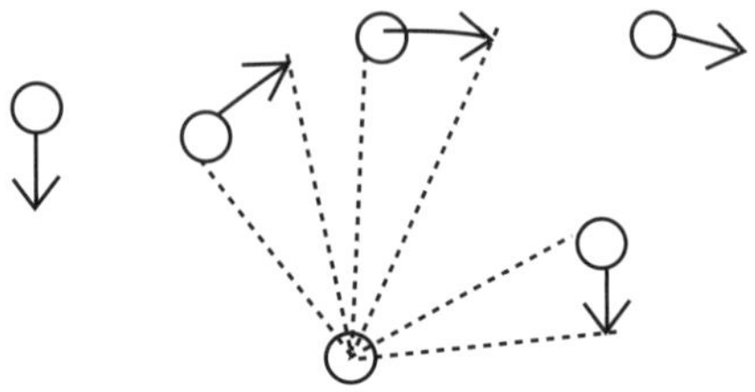

[그림 11] 수많은 알갱이들이 상호작용하면서 움직이는 계.

많은 알갱이들로 이루어진 계를 다룰 수 있다. 왜냐하면 힘에 대한 진술은 한 알갱이가 다른 알갱이를 끌어당기는 것만을 얘기하기 때문이다. 이 경우 같은 넓이에 대한 정리는 무력하다. 그러므로 힘의 법칙이 공리가 되어야만 한다. 반면에 같은 넓이의 원리는 많은 수의 알갱이들로 이루어진 계와 관련해서 다른 정리로 일반화될 수 있다. 그 정리는 다소 복잡하고 같은 넓이에 대한 정리처럼 말끔하지는 않지만, 분명 같은 넓이 원리의 결과이다. 많은 알갱이들로 이루어진 계, 예를 들어 목성, 토성, 태양 그리고 수많은 별들이 모두가 상호작용하면서 움직이는 계를 생각하고, [그림 11]에서처럼 그 계를 평면에 투사하여 고찰해보자. 알갱이들은 다양한 방향으로 움직이고 있다. 이제 임의의 한 점을 택하여 그 점에서 각 알갱이들까지의 반지름이 얼마나 넓은 넓이를 쓸고 지나가는지를 계산해보자. 이 계산에서 더 무거운 질량들은 더 크게 셈해야 한다. 즉 한 알갱이가 다른 것보다 두 배 무겁다면, 그 알갱이와 관련된 넓이는 두 배로 셈해야 한다. 그렇게 질량에 비례하여 각각의 쓸고 지나가는 넓이를 셈하고, 그들 모두를 더하여 총합을 계산해보면, 그 총합은 시간에 따라 변하지 않는다. 그 총합은 각운동량이라 부르고, 총합이 시간에 따라 불변이라는 사실은, 각운동량 보존법칙이라 부른다. '보존'이라는 말은 다만 변하지 않음을 의미한다.

각운동량 보존법칙의 결과 중 하나는 다음과 같다. 많은 별들이 모여들어 성운 또는 은하계를 이룬다고 해보자. 처음에 별들은 중심으로부터 매우 멀리 떨어진 큰 반지름 위에 있으며, 서서히 움직여 작은 크기의 넓이를 쓸고 지나갈 것이다. 별들이 중심을 향해 다가오면, 중심으로부터 거리가 줄어들게 될 것이다. 따라서 초당 똑같은 넓이를 쓸고 지나가기 위해 별들은 더 빠르게 움직여야만 한다. 별들은 중심 쪽으로 다가갈수록 더욱더 빠르게 소용돌이친다. 그러므로 우리는 은하계가 왜 나선형을 이루는지를 이해할 수 있다. 같은 방법으로 피겨스케이트 선수의 회전 기술도 이해할 수 있다. 스케이트 선수는 우선 다리를 밖으로 뻗고 서서히 회전하기 시작한다. 이어서 그가 다리를 안으로 오므리면, 회전이 빨라진다. 다리를 밖으로 뻗으면, 다리 때문에 초당 쓸고 지나가는 넓이가 넓다. 이제 다리를 안으로 오므리면, 똑같은 양의 넓이를 쓸고 지나가기 위해 회전이 훨씬 빨라질 수밖에 없다. 내가 스케이트 선수를 위해 이 사실을 증명한 것은 아니다. 스케이트 선수는 근력을 이용하고, 중력은 그와는 전혀 다른 힘이다. 하지만 나의 증명은 스케이트 선수에게도 참이다.

이제 우리는 흥미로운 문제를 만났다. 중력법칙과 같은 물리학의 한 부분으로부터 가끔 훨씬 더 타당한 원리를 유도할 수 있는 경우들이 있다. 이런 일은 수학에서는 일어나지 않는다. 정리들은 그들이 가정되지 않은 곳에서는 나오지 않는다. 다른 방식으로 설명해보자. 예를 들어 물리학의 가정이 중력과 관련된 같은 넓이법칙이라고 한다면, 이 가정으로부터 우리는 각운동량 보존법칙을 추론할 수 있다. 그 보존법칙은 일단 중력에 대해서만 타당하다. 그러나 우리는 실험을 통해서 각운동량 보존법칙이 훨씬 더 보편적임을 알게 된다. 뉴턴은 다른 가정들에 근거하여 보다 일반적인 각운동량 보존법칙에 도달했다. 그러나 뉴턴의 가정들은 거짓이었다. 힘들은 전혀 없으며 그 힘들에 관한 진술은 모두 실없는 소리이고, 알갱이들은 궤도를 갖지 않는 등의 문제가 있었다. 그러나 넓이와 관련된 원리와 각운동량 보존법칙의 유추, 즉 둘 사이의 완벽한 변환관계는 참이다. 둘의 유추는 양자역학에서 원자의 운동에 대해서도 유효하며, 우리가 아는 한 여전히 완벽하다. 우리는 이렇게 다양한 법칙들을 포괄하는 광범위한 원리들을 가지고 있다. 우리가 공리로부터 결과들을 유도하는 데만 집중한다면, 한 결과는 다른 결과가 유효하기 때문에 유효하게 된다는 것은 알게 되겠지만, 물리학의 여러 분야들의 상호연결은 이해할 수 없을 것이다. 언젠가 물리학이 완성되고, 우리가 모든 법칙들을 알게 된다면, 우리는 특정한 공리들을 출발점으로 삼을 수 있을 것이다. 그때는 당연히 누군가 구체적으로 공리들을 제시할 것이고, 그들로부터 다른 모든 것들을 유도할 수 있을 것이다. 그러나 모든 법칙을 알지는 못하는 상태에서도, 우리는 증명할 수 없는 정리들을 추측해내기 위해 몇 가지 공리들을 이용할 수 있다. 물리학을 이해하기 위해서는, 적절한 균형을 유지해야만 하고, 다양한 명제들과 그들의 상호관계를 전부 고려해야 한다. 왜냐하면 흔히 법칙들은 유도 가능한 영역 이상으로까지 확장되기 때문이다. 모든 법칙들이 알려질 때까지는, 이 사실이 매우 중요하다.

물리학과 수학의 관계에서 재미있고도 매우 이상한 것은, 당신이 겉보기에 다른 시작점들로부터 출발한다 할지라도 똑같은 결론에 도달할 수 있음을 수학적으로 증명할 수 있다는 사실이다. 이는 매우 명백하다. 공리들이 있다 할지라도, 이들 대신에 정리들 가운데 몇을 출발점으로 삼을 수 있다. 그러나 실제로 물리법칙들은 대단히 정교하게 구성되어 있어서 서로 다르지만 일치하는 두 진술은 질적으로 매우 다른 모습을 갖게 된다. 이 때문에 물리법칙들은 매우 흥미롭다. 이 흥미로운 물리법칙의 특징을 예를 들어 보여주기 위해 나는 서로 다른 세 가지 방법으로 중력법칙을 진술하려 한다. 세 진술은 모두 정확히 일치하지만, 완전히 다르게 들린다.

첫 번째 설명은 앞에서 보여준 방정식

$$F = G\frac{mm'}{r^2}$$

에 따라 물체들 사이에 힘이 있다는 것이다. 각 물체는 작용하는 힘이 있음을 알고 가속한다. 즉 초당 얼마만큼 운동을 바꾼다. 이것이 중력법칙을 설명하는 표준적인 방법이다. 나는 이렇게 설명된 법칙을 뉴턴의 법칙이라 명명하겠다. 이 설명은, 유한한 거리만큼 떨어져 있는 어떤 것에 의존해서 힘이 존재한다고 얘기한다. 따라서 이 설명은 이른바 비국소적 성질unlocal quality을 가지고 있다. 한 물체에 작용하는 힘은, 일정한 거리만큼 떨어져 있는 다른 물체의 위치에 의존해서 결정된다.

당신은 원거리 작용을 받아들이기를 꺼릴지도 모른다. 멀리 떨어진 곳에서 무슨 일이 일어나는지를 이곳에 있는 물체가 어떻게 안단 말인가? 그렇다면 중력법칙을 설명하는 또 하나의 매우 낯선 방법을 살펴보자. 그 방법은 장field 방법이라 불린다. 장 방법을 설명하기는 어렵다. 그러나 나는 그 방법이 어떤 것인지 대략적으로 소개하고자 한다. 장 방법은 완전히 다른 개념들로 이루어진다. 이 방법에 따르면, 공간에 있는 임의의 점에 수 하나가 있다(각각의 점에 작동원리가 있으면 좋겠지만, 그냥 수가 있다. 물리학은 수학적이어야 하기 때문에 어쩔 수 없는 일이다). 당신이 한 위치에서 다른 위치로 옮겨가면 수가 바뀐다. 물체가 공간 속의 한 점에 놓여 있다면, 그 물체가 받는 힘의 방향은 각각의 점에 있는 수들이 가장 급격하게 변하는 방향이다(일반적으로 그 수들을 해당되는 점들에서의 퍼텐셜potential이라고 부른다. 힘의 방향은 퍼텐셜 변화의 방향과 같다). 그뿐만 아니라 힘의 크기는 당신이 움직일 때 퍼텐셜이 얼마나 빠르게 변하는가에 비례한다. 이것으로 장 방법의 핵심적인 부분은 설명되었지만, 아직 충분한 설명이 되기에는 부족하다. 왜냐하면 중력과 관련해서 퍼텐셜이 어떻게 변하는지를 결정하는 방법을 아직 이야기하지 않았기 때문이다. 각 점의 퍼텐셜은 각 물체로부터의 거리에 반비례하여 변한다고 말할 수도 있겠지만, 그렇게 한다면 원거리 작용 개념을 다시 도입하는 꼴이 되고 만다. 그러나 중력법칙을 다른 방식으로 설명하는 길이 있다. 그 방식에서는, 우리가 퍼텐셜을 알고자 하는 점을 둘러싼 작은 구 외부에서 무슨 일이 일어나는지에 대해서는 언급할 필요가 없다. 구의 중심에서의 퍼텐셜을 알기 원한다면, 아무리 작더라도 구의 표면에서 퍼텐셜이 어떠한지만 알면 된다. 바깥을 조사할 필요는 없고, 단지 표면의 퍼텐셜 값이 얼마인지, 그리고 구 속에 얼마나 많은 질량이 있는지만 알면 된다. 계산 규칙은 다음과 같다. 구의 중심에서의 퍼텐셜은, 구 표면의 평균 퍼텐셜에서 특정한 양을 빼면 얻어진다. 그 양은, 앞에 제시한 방정식에 있는 것과 동일한 상수 G를 구의 반지름(a라고 부르자)의 두 배로 나누고, 거기에 (구가 충분히 작다면) 구 속에 있는 질량을 곱한 값이다.

$$\text{구 중심에서의 퍼텐셜} = \text{구의 평균 퍼텐셜} - \frac{G}{2a}\,(\text{속 질량})$$

이 법칙은 앞에서 제시한 법칙과 다르다. 왜냐하면 이 법칙은 한 점에서 일어나는 일을, 그 점에 매우 가까운 주변에서 일어나는 일을 통해 설명하기 때문이다. 뉴턴의 법칙은 한순간에 일어나는 일을 다른 순간에 일어나는 일을 통해 설명한다. 그것은 한 순간으로부터 다른 순간으로 어떻게 이행할지를 말해주지만, 공간과 관련해서는 한 장소에서 다른 장소로 뛰어넘는다. 반면에 이 두 번째 설명은 시간적으로 그리고 공간적으로 모두 국소적이다. 왜냐하면 이 설명은 주변에 있는 것에만 의존하기 때문이다. 그러나 두 설명은 수학적으로 완벽하게 동등하다.

중력법칙을 설명하는 또 하나의 완전히 다른 방법이 있다. 이 방법은 철학적으로 그리고 사용되는 질적인 개념에서 다르다. 만일 당신이 원거리 작용을 좋아하지 않는다면, 어떻게 원거리 작용을 도입하지 않고 중력을 설명할 수 있는지를 나는 방금 보여주었다. 이제 나는 철학적으로 정반대인 설명을 소개하겠다. 이 설명에서는, 물체가 어떻게 이곳에서 저곳으로 옮겨가는가에 관한 언급이 전혀 없다. 모든 것은 다음과 같은 단 하나의 포괄적인 설명으로 요약된다. 수많은 알갱이들이 있을 때, 하나가 한 장소에서 다른 곳으로 어떻게 움직이는가를 알기 원한다면, [그림 12]에서처럼 일정한 시간 동안에 한 장소에서 다른 장소로 이동 가능한 운동을 생각해보라. 예를 들어 그 알갱이가 한 시간 동안에 x에서 y로 간다고 할 때, 그것이 어느 길로 갈 것인가를 알고 싶다면, 여러 가능한 곡선들을 만들어, 각 곡선에 해당되는 어떤 특

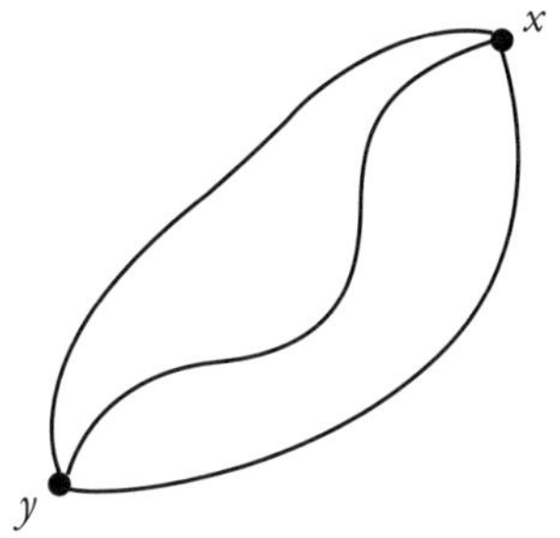

[그림 12] 어떤 알갱이가 x에서 y로 간다고 할 때, 여러 가능한 길이 있는데 자연은 에너지와 관련된 양이 최소가 되도록 선택한다.

정한 양을 계산해보면 된다(그 특정한 양은 운동에너지에서 퍼텐셜에너지를 뺀 값의 평균이다). 한 길에 대하여 이 양을 계산하고, 다른 길에 대해서도 계산한다면, 각 길에 대해 다른 값이 얻어질 것이다.

이때 최솟값을 가지는 가능한 길이 하나 있고, 그 길이 그 알갱이가 자연에서 실제로 가는 길이다! 우리는 지금 곡선 전체와 관련된 어떤 것을 말함으로써 실제 운동 경로인 타원을 기술하고 있다. 알갱이가 인력을 느끼고 그것에 따라 움직인다는 인과적인 생각은 오늘날 사라졌다. 대신에 오늘날 우리가 이해하는 알갱이는, 어떤 훌륭한 방법으로 모든 곡선들을, 즉 모든 가능성들을 탐지한 후, 어느 가능성을 택할 것인가를 결정한다(내가 소개한 그 양이 최소가 되도록 선택한다).

지금까지 살펴본 중력법칙의 세 가지 설명 방법은, 자연을 기술하는 아름다운 방법들이 얼마나 다양할 수 있는지를 보여주는 좋은 예이다. 만일 사람들이 자연은 인과성을 가져야만 한다고 주장한다면, 우리는 뉴턴의 법칙을 이용할 수 있다. 만일 사람들이 자연은 최소원리로 설명되어야만 한다고 말한다면, 방금 살펴본 세 번째 설명을 사용하면 된다. 혹시 사람들이 자연은 국소적인 장을 가져야만 한다고 고집한다면, 당연히 그렇게 설명할 수도 있다. 문제는 어느 설명이 옳은가이다. 이들 다양한 대안들이 수학적으로 완전히 동등한 것이 아니라면, 즉 다른 설명들이 다른 결과들을 산출한다면, 자연이 실제로 어느 설명을 선택하는지를 확인하기 위해 실험을 해야 할 것이다. 사람들이 모여들어 어떤 한 설명이 다른 것보다 더 좋다고 철학적으로 논증할지도 모른다. 그러나 우리는 자연이 무엇을 선택할 것인가에 관한 모든 철학적 직관은 실패로 돌아갔음을 수많은 경험을 통해 배워왔다. 모든 가능성과, 모든 다른 대안들을 시도해보아야 한다. 그러나 이 특별한 경우에서는 내가 설명한 세 이론들은 완전히 동등한 것이다. 수학적으로 다른 세 공식화, 즉 뉴턴의 법칙, 국소적 장 방법 그리고 최소원리는 완전히 동일한 결과들을 가져온다. 그렇다면 무슨 이론을 선택해야 할까? 이 이론들 중 하나를 과학적으로 선택할 길은 없다고 모든 책에 쓰여 있다. 옳은 말이다. 그 이론들은 과학적으로 동등하다. 결정하는 것은 불가능하다. 왜냐하면 모든 결과들이 똑같다면, 이론들을 구별할 수 있는 실험적 방법이 전혀 없기 때문이다. 그러나 심리적으로 그들은 두 측면에서 서로 매우 다르다. 첫째, 철학적인 이유에서 여러분은 그들을 좋아할 수도 있고 싫어할 수도 있다. 이 철학적 질병을 고치는 유일한 길은 훈련뿐이다. 둘째, 심리적으로 그들은 서로 다르다. 왜냐하면 당신이 새로운 법칙들을 추측하려 할 때, 그들은 전혀 동등하지 않기 때문이다.

물리학이 불완전하고 그래서 우리가 법칙들을 이해하려고 애쓰는 한, 다른 가능한 공식화들은 다른 상황에서 무슨 일이 일어날지에 대해 실마리를 줄 수도 있다. 그 경우에 그들은, 더 폭넓은 상황에서 법칙들이 어떻게 될지와 관련해서 다양한 추측을 하게 만든다. 이 점에서 그들은 심리적으로 동등하지 않다. 예를 들면 아인슈타인은 전기 신호들이 빛의 속도보다 더 빨리 전파될 수 없다는 것을 깨달았다. 그는 그것이 일반원리라고 추측하였다(이것은 각운동량을 택하여 그것을 증명했던 경우로부터 그것을 우주 현상의 나머지로 확장하는 것과 똑같은 추측이다). 그는 그것이 모든 신호 전파에 대해서 참이라고 추측하였고, 그래서 그것이 중력에 대해서도 참이라고 추측하였다. 신호들이 광속보다 조금도 빠르게 갈 수 없다면, 순식간에 작용하는 힘을 이용한 중력 법칙 설명은 난처한 상황에 처하게 된다. 따라서 아인슈타인의 일반화된 중력이론 속에서, 뉴턴의 법칙은 부적절하고 엄청나게 복잡해진 반면, 장 방법과 최소원리는 정교하고 간단해졌다. 마지막 둘 사이에서 무엇을 선택할지는 아직 결정되지 않았다.

사실 이 두 원리는, 내가 이들을 설명했던 방식으로 이해할 경우 둘 다 정확히 옳지는 않다는 것이 양자역학에서 밝혀졌다. 그러나 최소원리가 존재한다는 것은, 미시 규모에서 알갱이들이 양자역학을 따른다는 사실의 결과임이 밝혀졌다. 현재 우리가 알고 있는 최고의 법칙은 실제로 최소원리와 국소적 장 원리를 결합한 것이다. 현재 우리는 물리법칙들이 국소성 원리와 최소원리에 따라야 한다고 믿고 있지만, 진실이 어떠한지는 잘 알고 있지 못하다. 당신이 어떤 구조를 가지고 있는데, 그 구조 중 일부가 오류로 판정되었다고 하자. 만일 당신의 구조를 적절한 공리 체계로 기술했다면, 어쩌면 한 공리만 오류이고 나머지는 타당할 수도 있다. 그 경우 당신은 한 공리만 교체하면 된다. 그러나 만일 그 구조를 다른 공리 체계로 기술한다면, 모든 공리들이 오류로 밝혀질 수도 있다. 공리들이 모두 오류로 밝혀진 그 부분에 기대어 있을 수도 있다는 것이다. 어떤 방식으로 구조를 기술해야 새로운 상황을 발견할 수 있는지 직관적으로 미리 알 수는 없다. 우리는 다른 모든 대안적인 방식들을 머릿속으로 항상 고려해야 한다. 그래서 물리학자들은 바빌로니아적 수학을 하고, 확정된 공리들로부터 정확하게 추리하는 것에는 거의 관심을 두지 않는다.

자연의 놀라운 특징 가운데 하나는, 가능한 해석의 틀들이 다양하게 존재한다는 것이다. 자연의 이 놀라운 특징은 자연법칙들이 바로 그런 특수하고 미묘한 특징을 가지고 있기 때문에 존재한다는 것이 밝혀졌다. 예를 들어 법칙이 제곱에 반비례하면, 그 법칙은 국소적인 법칙이 될 수 있다. 만일 법칙이 세제곱에 반비례한다면, 그 법칙은 국소적인 법칙일 수 없다. 뉴턴 방정식의 좌

변과 관련해서는, 힘이 속도의 변화율에 관련되기 때문에 중력법칙을 최소원리를 통해 기술할 수 있다. 예를 들어 힘이 속도 대신에 위치의 변화율에 비례한다면, 중력법칙을 최소원리를 써서 기술하는 것은 불가능하다. 당신이 자연법칙들을 임의로 수정한다면, 그 수정된 법칙들은 더 적은 방식으로만 기술될 수 있음을 알게 될 것이다. 나는 이 사실에서 항상 신비로움을 느낀다. 추측컨대 왜 올바른 물리법칙들은 그렇게 엄청나게 다양한 방식으로 표현되는 것인지 나는 모른다. 올바른 물리법칙들은 동시에 여러 창문을 통과할 수 있는 것처럼 보인다.

수학과 물리학의 관계에 대하여 좀더 일반적인 이야기를 몇 가지 해보자. 수학자들은 추론의 구조를 다룰 뿐, 그들이 얘기하는 대상에 대해서는 사실상 염려하지 않는다. 수학자들은 그들이 얘기하는 대상이 무엇인지 알 필요가 없고, 그들 스스로 얘기하듯이, 그들이 말한 것이 참인지 여부에 대해서도 알 필요가 없다. 왜 그런지 설명하겠다. 당신은 공리들을 설명한다. 즉 '이러이러한 것은 이렇고, 저러저러한 것은 저렇다.'라고 설명한다. 그 다음에는 무엇을 해야 할까? 논리적 추론은 이러이러한 단어들이 무엇을 의미하는지를 몰라도 수행될 수 있다. 공리들에 대한 설명이 주의 깊게 공식화되었고 충분히 완전하다면, 추론하는 사람은 똑같은 언어에서 새로운 결론을 유도하기 위하여 단어들의 뜻을 알 필요가 없다. 만일 내가 한 공리에서 삼각형이라는 단어를 사용한다면, 삼각형에 관해 설명하는 결과들이 산출될 것이다.

이때 추론하는 사람은 삼각형이 무엇인지 몰라도 상관없다. 물론 나는 그의 추론을 검토하면서, '삼각형, 즉 세 변을 가진 도형은 이렇고 이렇다.'라고 생각할 것이고, 이를 통해 그가 유도한 새로운 사실들을 이해할 것이다. 바꿔 말한다면, 수학자들은 여러분이 실제 세계에 대한 공리들을 갖고 있다면 즉시 이용할 수 있는 추상적인 추론들을 준비한다. 그러나 물리학자에게는 모든 단어에 의미가 있어야 한다. 이것은 수학으로부터 물리학에 다가오는 많은 사람들이 올바로 인식하지 못하는 매우 중요한 사항이다. 물리학은 수학이 아니고 수학 또한 물리학이 아니다. 하나가 다른 하나를 돕는 관계가 있을 뿐이다. 물리학에서 당신은 단어들과 실제 세계의 관계를 알아야만 한다. 물리학에서는 당신이 추론하고 계산한 것을 결국에는 말로, 실제 세계의 사건으로, 실험에 사용할 구리와 유리 토막으로 번역해야만 한다. 오직 이런 방법을 통해서만 당신이 얻은 결론이 참인지 확인할 수 있다. 이는 결코 수학의 문제가 아니다.

물론 현재까지 개발된 수학적 추론들이 대단히 강력하고 물리학자에게 유용하다는 사실에는 의심의 여지가 없다. 다른 한편 때때로 물리학자들의 추론이 수학자들에게 유용한 경우도 있다.

수학자들은 추론을 가능한 한 일반화하기를 좋아한다. "일반적인 3차원 공간에 대해 말하고 싶다."라고 내가 그들에게 말하면, 그들은 "만일 당신이 n차원의 공간을 논한다면, 이러이러한 정리들이 있다."라고 대답한다. "아니 나는 3차원인 경우를 얘기하고 싶다니까." 그러면 "좋아요, n=3으로 대입합시다!"라고 한다. 실제로 수학자들이 가진 많은 복잡한 정리들은 특별한 경우에 맞출 경우 훨씬 간단해진다. 물리학자는 항상 특별한 경우에 흥미가 있고 일반적인 경우에는 전혀 흥미가 없다. 그는 구체적인 어떤 것에 대해 이야기하지, 추상적인 임의의 것에 대해 이야기하지 않는다. 물리학자는 3차원에서 중력 법칙을 논의하길 원하지 임의의 n차원에서 힘을 논의하는 것은 원하지 않는다. 그러므로 물리학에 이용하려면 수학을 어느 정도 줄일 필요가 있다. 왜냐하면 수학자들은 넓은 영역의 문제를 위해 일반적인 기법들을 준비했기 때문이다. 이렇게 수학을 줄이는 작업은 매우 유용하다. 물론 불쌍한 물리학자는 항상 수학자를 다시 찾아가서 이렇게 말하곤 한다.

"아이고, 죄송합니다. 전에 4차원에 대해서 뭐라고 하셨죠?"

당신이 얘기하는 대상이 무엇인지 안다면, 즉 어떤 기호가 힘을 나타내고, 또 어떤 기호가 질량, 관성 등을 나타내는지 안다면, 이어서 당신은 세상에 대한 많은 상식과 육감을 이용해서 연구할 수 있다. 당신은 다양한 것들을 보아왔고, 현상이 어떻게 움직이는지도 어느 정도 알고 있다. 그러나 불쌍한 수학자는 그 앎을 방정식으로 번역하고, 또한 그에게 기호들은 아무런 의미도 가지지 않으므로, 그는 아무 지침도 없이 정확한 수학적 엄밀함과 조심성에만 의지해서 논증해야만 한다. 어떤 답이 나올 것인지를 어느 정도 알고 있는 물리학자는 부분적으로 일종의 추측을 할 수 있고, 따라서 더 빠르게 연구를 진행시킬 수 있다. 대단히 정확한 수학적 엄밀함이 물리학에서 매우 유용한 것은 아니다. 그러나 누구도 이 이유로 수학자들을 비난할 수는 없다. 단지 어떤 것이 물리학에 유용하다는 이유 때문에 수학자들이 그것을 연구해야 하는 것은 아니다. 수학자들은 그들 자신의 일을 하고 있다. 당신이 무언가 다른 수학을 원한다면, 당신 스스로 개발하면 된다.

다음으로 내가 논하고 싶은 문제는, 새로운 법칙을 추측할 때 과연 육감과 철학적 원리들을 이용해야 하는가이다. 즉 다음과 같은 생각들을 이용해야 할까? "나는 최소원리를 좋아하지 않아." 또는 "나는 최소원리를 정말 좋아해.", "나는 원거리 작용을 좋아하지 않아." 또는 "나는 원거리 작용을 정말 좋아해." 등. 모형들을 이용하는 것이 얼마만큼 도움이 될까? 흥미롭게도 많은 경우에 모형들이 실제로 도움이 된다. 그래서 대부분의 물리 교사들은 모형을 이용하는 방법을 가르치고, 학생들이 사건이 어떻게 진행될지에 대한 물리학적 감각을 터득하게 하려고 애쓴다. 그러나 가장 위대한 발견들은 결국 모형을 버리고 추상화되며, 모형은 결국 아무 소용이 없음이 밝혀졌다. 전기역학에 대한 맥스웰•의 발견은 처음에는 공간 속에 있는 많은 가상적인 바퀴들과 도르래들을

• James Clerk Maxwell, 1831~1879, 스코틀랜드의 물리학자. 케임브리지의 첫 실험물리학 교사. 가장 위대한 이론물리학자 중 한 사람으로 전자기파에 대한 연구는 아인슈타인과 플랑크에게 큰 도움을 주었다. 전자기력에 대한 패러데이의 법칙을 수학적으로 처리하는 방법을 제시하였다.

이용해서 이루어졌다. 그러나 그 모든 바퀴들과 도르래들을 제거해도 이론에 아무 문제가 없다. 디랙•은 단순히 방정식을 추측하는 방식으로 상대론적 양자역학의 올바른 법칙들을 발견했다. 방정식을 추측하는 방법은 새로운 법칙들을 추측하는 멋지고 효과적인 방법인 듯하다. 이 사실은, 수학이 자연을 표현하는 심오한 방법이라는 것을, 그리고 철학적 원리나 육감을 통해 자연을 표현하는 것은 효율적인 방법이 아니라는 것을 다시 한 번 일깨워준다.

오늘날 우리가 알고 있는 법칙들에 따르면, 자연 속에서 일어나는 일을 알기 위해서는, 대상 영역이 시공간적으로 아무리 작다 할지라도, 컴퓨터를 이용해서 무수히 많은 논리적 연산을 해야 한다. 이 사실을 나는 항상 못마땅하게 여긴다. 그 미세한 공간 속에서 어떻게 그렇게 복잡한 일이 일어날 수 있을까? 그 미세한 공간/시간의 조각 속에서 무슨 일이 일어나는지를 이해하는데 왜 무한한 논리 연산이 필요한 것일까? 그래서 나는 물리학이 궁극적으로는 수학적 설명을 필요로 하지 않으리라는 것, 결국에는 작동원리가 밝혀질 것이라는 것, 겉보기에는 복잡하지만 사실은 단순한 체스 놀이 규칙들처럼 자연법칙들도 단순하다는 것이 결국 밝혀지리라는 것을 빈번히 가정하곤 했다. 그러나 이런

• Paul Dirac, 1902~1984, 영국의 수리물리학자. 『양자역학의 원리』(1930)라는 책에서 아인슈타인 상대론에 대한 완전한 수학식을 제시하였으며, 1933년 슈뢰딩거와 함께 노벨 물리학상을 받았다.

생각은 "나는 그것을 좋아해." "나는 그것을 싫어해."라고 말하는 것과 같은 종류이다. 그러므로 이런 생각들에 대해서는 지나친 신뢰를 가지지 않는 것이 좋다. 오늘의 강의를 요약하기 위해 나는 진스•의 다음과 같은 말을 인용하고자 한다.

"위대한 창조자는 수학자인 듯하다."

수학을 모르는 사람은 자연의 아름다움—가장 심원한 아름다움—을 실제로 체험하기 힘들다. 스노••는 두 가지 문화에 대하여 이야기하였다. 그 두 가지 문화에 의해서, 한 번이라도 자연을 감상할 수 있을 만큼 충분히 수학을 이해하는 사람과 그렇지 못한 사람이 구분된다고 믿는다.

수학은 있어야 하지만, 어떤 사람들에게는 수학이 어렵다는 것은 매우 유감스러운 일이다. 진실인지 여부는 모르겠지만, 전하는 얘기에 따르면, 어느 왕이 유클리드에게 기하학을 배우기가 너무 어렵다고 불평했다고 한다. 그때 유클리드는 "기하학에는 왕도가 없습니다."라고 말했다. 그렇다. 어디에도 왕도는 없다. 물리학자들이 다른 언어로 표현할 수는 없다. 자연에 대하여 배우고 깊이 알기를 원한다면, 자연이 이야기하는 언어를 이해하는 것이 필요하다. 자연은 자신의 정보를 한 형태로만 제공한다. 우리는 자연

• James Hopwood Jeans, 1877~1946, 영국의 천문학자이자 수리물리학자.

•• Charles Percy Snow, 1905~1980, 영국의 물리학자이자 작가. 인류 문학의 양대 축으로 '인문문화'를 지적하고 그 둘의 심각한 단절을 조명한 『두 문화*The Two Cultures*』를 펴내 세계적인 반향을 불러일으켰다.

이 변할 것을 요구할 수 있을 만큼 위대한 존재가 아니다.

우리가 지적인 논증을 통해 아무리 노력한다 할지라도, 음악이 무엇인지를 귀머거리에게 알려줄 길은 없다. 마찬가지로 세상에 있는 그 어떤 지적인 논증을 동원한다 할지라도 '다른 문화' 속에 있는 사람들에게 자연을 이해하는 방법을 알려줄 길은 없다. 철학자들은 자연에 대하여 질적으로 이야기함으로써 여러분을 일깨우려 할지도 모른다. 나는 자연을 기술하려고 애쓰고 있다. 하지만 내 일은 이해시키기가 아니다. 이해시키기는 불가능하기 때문이다. 이해시키기가 불가능한 것은 아마도, 우주의 중심은 사람이라고 상상했던 사람들이 있었던 것처럼, 사람들의 시야가 제한되어 있기 때문일 것이다.

3 위대한 보존원리들

물리법칙에 대하여 배우다 보면 중력, 전기학 및 자기학, 핵 상호작용 등 복잡하고 상세한 많은 법칙들이 있음을 알게 된다. 그러나 모든 법칙들이 따르는 것처럼 보이는 가장 일반적인 원리가 이들 상세한 법칙들의 다양성을 꿰뚫고 있다. 그런 원리들의 예로서 보존원리들, 특정 대칭성들, 양자역학 원리들의 일반 형식, 그리고 불행이든 다행이든 모든 법칙들이 수학적이라는 사실 등이 있다. 이 강의에서 나는 보존원리들에 대해 이야기하려 한다.

일상 언어를 그대로 사용한다 할지라도 물리학자는 특수한 의미로 사용한다. 물리학자가 말하는 보존법칙의 의미는, 계산할 수 있는 어떤 수가 있는데, 지금 그 수를 계산해보고, 이어서 자연이 수많은 변화를 겪은 뒤 어느 순간에 다시 그 수를 계산해보면, 이전과 똑같다는 것, 즉 그 수는 변하지 않는다는 것을 의미한다. 한 예로 에너지 보존법칙이 있다. 보존법칙이란, 특정한 규칙에 따라 계산할 수 있는 어떤 양이 있을 때 무슨 일이 일어난다 할지라도 그 양을 계산한 결과는 항상 같다는 것이다.

이 사실이 유용할 수 있다는 것을 여러분도 이해할 수 있을 것이다. 물리학을, 혹은 자연 그 자체를 수백만 마리의 말이 움직이는 거대한 체스에 비유해보자. 당신은 말들을 움직이는 규칙들을 발견하려고 애쓴다. 이 체스 놀이를 하는 위대한 신들은 게임을 매우 빨리 진행하므로, 움직임들을 관찰하기도 이해하기도 힘들다. 그러나 우리는 몇 가지 규칙을 깨닫게 되고, 그래서 말들의 모든 움직임을 관찰하지 않아도 결론지을 수 있는 몇 가지 규칙들을 발견하게 된다. 예를 들어 판 위에 빨간 비숍 하나만 있다고 하자. 비숍은 대각선으로만 움직이므로, 비숍이 있는 칸의 색깔은 결코 바뀌지 않는다. 신들이 게임을 하는 동안 우리가 잠시 한눈을 팔았다가 다시 뒤돌아본다 해도, 빨간 비숍은 여전히 판 위에 있을 것이고, 어딘가 다른 곳일지라도 같은 색깔의 칸 위에 있을 것임을 우리는 예상할 수 있다. 보존법칙의 성질이 바로 이러하다. 놀이에 대해 최소한의 앎을 얻기 위해 놀이의 내면을 들여다보아야 하는 것은 아니다.

물론 체스에서는 우리가 얘기한 법칙이 필연적으로 완벽하게 타당하지는 않다. 한참 동안 한눈을 파는 사이, 비숍은 잡히고, 졸은 적진 끝까지 가고, 놀이를 하는 신은 우연히 검은 칸에 있는 그 졸을 비숍으로 만들 수도 있다. 이 경우와 유사하게 불행하게도 오늘날 우리가 알고 있는 몇몇 보존법칙들은 정확하게 완벽한 것이 아님이 밝혀졌다. 하지만 나는 그들에 대하여 우리가 현재 알고 있는 바를 이야기하겠다.

나는 우리 물리학자들이 일상 언어들을 특수한 방식으로 사용한다고 얘기했다. 이 강의의 제목 '위대한 보존원리들'에는 또 하나의 일상 단어인 '위대한'이 있다. 이 단어는 전문용어가 아니다. 제목이 좀더 멋지게 보이도록 하기 위하여 '위대한'을 첨가했을 뿐, 이 강의 제목을 그냥 '보존법칙들'로 할 수도 있다. 타당하지 않은 몇 가지 보존법칙들이 존재한다. 그들은 단지 근사적으로 옳을 뿐이지만, 때로는 유용하게 쓰이기도 하므로, 나는 그들을 '작은' 보존법칙들이라고 부르겠다. 나는 이 '작은' 보존법칙 가운데 한두 개를 나중에 언급하겠지만, 이 강의에서 주로 논의하고자 하는 원리들은, 적어도 오늘날 우리가 아는 바로는, 절대적으로 정확하다.

가장 이해하기 쉬운 전하량 보존부터 시작해보자. 세상에 있는 총 전하량을 나타내는 한 수가 있는데, 그 수는 무슨 일이 일어나도 전혀 변하지 않는다. 한 곳에서 전하가 없어졌다면, 다른 곳에서 찾을 수 있다. 모든 전하량의 총합은 보존된다. 이 원리는 패러데이•에 의해 실험적으로 발견되었다. 그의 실험 장비들은 커다란 금속 구 내부에 설치되었고, 구 겉면에는 전하를 탐지하는 매우 민감한 검류계가 장치되었다. 검류계는 적은 양의 전하에도 크게 반응을 일으킨다. 패러데이는 구 속에 모든 종류의 기묘한 전기장치를 만들었다. 그는 고양이 털가죽으로 유리막대를 문질러 전하를 만들었고, 커다란 정전기 기계들을 설치했다. 금속 구 내부는 공포영화에 나오는 실험실처럼 보였다. 그러나 그 실험실에서 모든 실험을 하는 동안 금속 구 겉면에는 어떤 전하도 발생하지 않았다. 알짜$_{net}$ 전하는 결코 만들어지지 않았다. 털가죽 위에 유리막대를 문지르면, 유리가 양의 전하를 갖게 되지만, 털가죽이 같은 양만큼의 음의 전하를 갖게 되어, 총 전하량은 0이 되는 것이 분명하다. 왜냐하면 구 속에서 어떤 전하가 생겨난다면, 그것은 구 겉면에 설치된 검류계에 탐지될 것이기 때문이다. 따라서 총 전하량은 보존된다.

이 원리는 이해하기 쉽다. 전혀 수학적이지 않은 매우 간단한 모형을 써서 설명할 수 있기 때문이다. 세상이 오직 두 종류의 알갱이들, 즉 전자와 양성자로 이루어졌다고 생각해보자(실제로 세상이 이렇게 단순하다는 것이 밝혀지리라고 기대했던 시절이 있었다). 전자들은 음전하를, 양성자들은 양전하를 가지고 있다고 하자. 그렇다면 우리는 음전하와 양전하를 분리할 수 있다. 우리

• Michel Faraday, 1791~1867. 영국의 화학자이자 물리학자. 고전 장론의 창시자이며, 전자기 유도(1831)와 전기분해의 법칙(1833), 그리고 자기장에 의한 편광된 빛의 뒤틀림(1845)을 발견하였다.

	전하량	바리온 수	기묘도	에너지	각운동량
보존되는가? (국소적으로)	그렇다	그렇다	거의	그렇다	그렇다
기본단위로 발생하는가?	그렇다	그렇다	그렇다	아니다	그렇다
장의 원천인가?	그렇다	?	?	그렇다	

[표 1] 이것은 강의를 통해 파인만 교수가 완성해나간 표이다.

는 한 조각의 물질에 전자를 더 집어넣을 수도 있고 빼낼 수도 있다. 그런데 만약 전자들이 결코 붕괴되거나 사라지지 않는다면, 전자들의 총수에서 양성자들의 총수를 뺀 값은 변하지 않을 것이다. 사실 이 특정한 모형에서는 양성자들의 총수도 전자들의 총수도 변하지 않을 것이다. 이제 전하에 관심을 집중하자. 양성자들의 기여는 양이고 전자들의 기여는 음이다. 만일 양성자와 전자가 결코 홀로 만들어지거나 없어지지 않는다면, 총 전하량은 보존될 것이다. 나는 보존되는 양들이 가진 일련의 성질들을 [표 1]에 기록하려 한다. 우선 전하량부터 기록해보자. '전하량이 보존되는가?'라는 질문에 대해 나는 '그렇다.'라고 쓴다.

이 이론적 해석은 매우 간단하다. 그러나 훗날 전자들과 양성자들이 영구불멸의 존재가 아니라는 것이 밝혀졌다. 예를 들어 중성자라는 알갱이 하나가 한 개의 양성자와 한 개의 전자로, 그리고 나중에 배울 어떤 것으로 붕괴될 수 있다. 그러나 중성자는 전기적으로 중성이다. 그러므로 비록 양성자도 전자도 영구적이지 않지만, 중성자로부터 양성자와 전자가 생성될 수 있다는 사실과 관련해서도 여전히 전하량은 보존된다. 처음전하량이 0이면, 나중에 양전하와 음전하가 생겼다 할지라도, 전하량을 모두 더하면 0이 된다.

비슷한 예로 양의 전하를 띠지만 양성자가 아닌 다른 알갱이가 존재한다는 것을 들 수 있다. 그 알갱이는 양전자라고 하는데, 일종의 전자의 거울상이다. 양전자는 많은 점에서 전자와 똑같지만 전하가 부호만 반대이다. 더 중요한 것은 양전자와 전자가 만나면, 둘이 서로를 상쇄하면서 사라지고, 오직 빛만 남게 될 수 있다는 사실이다. 이 때문에 양전자는 반反알갱이라고 불린다. 그러므로 전자는 그 자체로도 영원하지 못하다. 전자와 양전자를 합치면 빛이 만들어진다. 실제로 그 '빛'은 눈에 보이지 않는 감마선이다. 하지만 물리학자에게는 감마선도 파장만 다를 뿐이지 보이는 빛과 똑같은 빛이다. 이렇게 한 알갱이와 그것의 반알갱이는 서로를 없앨 수 있다. 빛은 전하를 전혀 갖지 않지만, 알갱이 및 반알갱이 상쇄 과정에서 우리는 양전하 하나와 음전하 하나를 없애므로, 총 전하량은 변하지 않는다. 그러므로 전하량 보존원리는 약간 더 복잡하기는 하지만, 여전히 전혀 수학적이지 않다. 여러분에게 주어진 양전자들의 수와 양성자들의 수를 단순히 더하고, 그 값에서 전자들의 수를 빼는 것으로 충분하다—사실 추가로 검토해야 할 알갱이들이 있다. 예를 들어 음전하를 지닌 반양성자들, 양전하를 지닌 메손(중간자) 등을 검토해야 한다. 사실상 자연을 이루는 모든 근본입자들은 전하를 지닌다(그 전하가 0일 수도 있다). 전하량 보존과 관련해서 우리가 해야 할 일은 단지 총수를 더하는 것뿐이다. 상호작용을 통해 무슨 일이 일어난다 할지라도, 한편에서의 총 전하량이 다른 편에서의 총 전하량과 균형을 이루어야만 한다.

이것이 전하량 보존의 한 측면이다. 이제 흥미로운 질문을 던질 수 있다. '전하량이 보존된다고 말하는 것으로 충분한가, 아니면 무언가 더 보충해야 하는가?' 만일 전하가 이리저리 움직이는 실제 알갱이이기 때문에 전하량이 보존되는 것이라면, 전하는 매우 특별한 성질을 가져야 한다. 어떤 상자 안의 총 전하량은 두 가지 방법으로 동일하게 유지될 수 있다. 한 방법은 전하가 상자 안의 한 곳에서 다른 곳으로 운동하는 것이다. 다른 방법은 한 곳에 있는 전하가 사라지고, 그와 동시에 다른 곳에서 전하가 생겨나는 것이다. 이런 방법으로도 총 전하량은 결코 바뀌지 않을 수 있다. 이 두 번째 보존 가능성은 첫 번째와는 다른 종류이다. 두 번째 경우에서는 한 전하가 어느 곳에서 사라지고 다른 곳에서 나타나려면, 무언가가 둘 사이의 공간을 움직여야만 한다. 이런 형태의 보존을 국소적 보존이라 부르는데, 총 전하량이 국소적으로 변하지 않는다고 말하는 것은, 총 전하량이 변하지 않는다고 간단하게 말하는 것보다 훨씬 상세한 말이다. 만일 전하량이 국소적으로 보존된다는 것이 참이라면, 이는 지금까지의 논의보다 더 발전된 전하량 보존법칙이 참이라는 것을 의미한다. 사실상 전하량은 국소적으로 보존된다. 나는 기회가 있을 때마다 당신에게 한 생각과 다른 생각을 서로 연결하는 추론의 가능성들을 보여주려고 애써왔다. 지금 나는 기본적으로 아인슈타인이 제시한 논증을 소개하려 한다. 그 논증은, 만일 어떤 것—전하량도 마찬가지다—이 보존된다면 그것은 국소적으로 보존되어야 한다는 것을 증명한다. 그 논증이 전제로 하는 것은 다음과 같은 사건이다. 만일 두 친구가 각자 우주선을 타고 서로를 스쳐 지나가고 있다면, 어느 친구가 움직이고 어느 친구가 멈춰 있는지의 문제를 어떤 실험으로도 해결할 수 없다. 이 사건을 상대성 원리라고 부른다. 상대성 원리에 따르면, 직선 위에서 일정한 운동은 상대적이며, 어떤 현상을 조사할 때 우리는 어느 관점이라도 선택할 수 있는데 이때 어느 쪽이 멈춰 있고 어느 쪽이 운동하는지는 말할 수 없다.

[그림 13]에서처럼 두 우주선 A, B가 있다고 하자. A가 B를 스쳐 지나가는 상황이다. 물론 이 상황 규정은 단지 사적인 의견일 뿐임을 상기하라. 다른 방식으로 상황을 보아도 무방하다. 어떤 방식으로든 결국 동일한 자연 현상에 도달할 것이다. 멈춰 있는 사람이 그의 우주선 한쪽 끝에서 전하 하나가 사라짐과 동시에 다른 쪽 끝에서 전하 하나가 생겨남을 관찰했다고 주장하려 한다고 해보자. 동시라는 것을 확실히 확인하려면 그는 우주선의 앞쪽에 앉아 있어서는 안 된다. 왜냐하면 앞에 앉을 경우 빛의 이

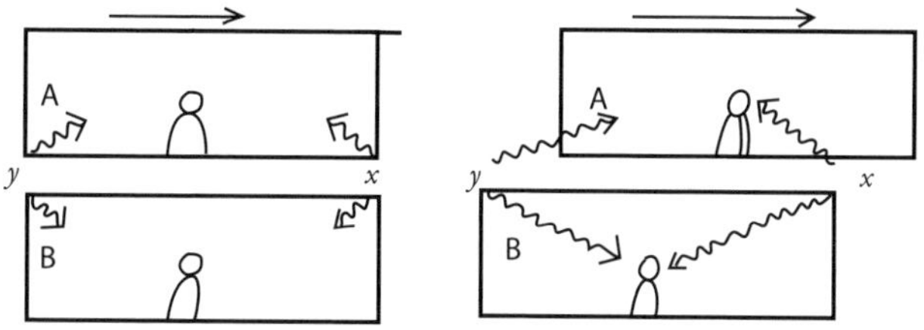

사건 순간에서의 위치 B가 사건을 본 순간에서의 위치

[그림 13] 우주선 B는 멈춰 있고 우주선 A는 앞으로 이동하는 상황(또는 우주선 A가 멈춰 있고 우주선 B가 뒤로 이동하는 상황이기도 함).

동 시간 때문에 하나를 보기 전에 다른 하나를 먼저 보게 될 것이기 때문이다. 따라서 그는 매우 주의하며 정확히 우주선 한가운데에 앉아 있다. 다른 사람 역시 다른 우주선에서 똑같은 관측을 하고 있다고 하자. 이제 번개가 치면서, *x* 지점에서 전하가 생겨나고, 정확히 같은 순간에 우주선의 다른 끝인 *y* 지점에서 전하가 소멸한다. 두 사건이 정확히 동시에 일어난다는 것에 주목하라. 만일 그렇다면, 이 사건 전체는 전하가 보존된다는 우리의 생각과 완벽하게 일치한다. 한 전자를 어떤 곳에서 잃는다면 다른 어딘가에서 전자 하나를 얻는다. 그리고 이때 두 장소 사이를 움직인 것은 아무것도 없다. 전하가 사라질 때 섬광이 일어나고, 또한 전하가 생겨날 때 섬광이 일어나, 두 섬광을 보고 우리가 무슨 일이 일어났는가를 알 수 있다고 하자. B는 두 섬광이 동시에 발생했다고 말한다. 왜냐하면 그는 그가 우주선의 한가운데에 있음을 알고 있으며, *x*에서 전하 생성으로 인해 생긴 섬광과 *y*에서 전하 소멸로 인해 생긴 섬광이 똑같은 시간에 그에게 도달한다는 것을 알고 있기 때문이다. 따라서 B는 "그래, 하나가 사라질 때 다른 하나가 만들어져."라고 주장할 것이다. 한편 A에서는 무슨 일이 일어났을까? A는 "아니, 친구야 틀렸어. 나는 섬광이 y에서보다 x에서 먼저 만들어지는 것을 보았어."라고 주장한다. A는 x를 향하여(y로부터는 멀어지며) 운동하고, 따라서 x로부터 오는 빛이 y로부터 오는 빛보다 더 짧은 거리를 이동하기 때문이다. B는 "아니야, 전하가 x에서 먼저 만들어졌고 나중에 y에서 사라졌어. 그래서 x에서 만들어지고 y에서 사라지기 전 짧은 시간 동안 나는 약간의 전하를 더 가졌어. 그러므로 전하량 보존이 안 돼. 법칙에 어긋나."라고 주장할 것이다. 그러나 A는 "그래, 하지만 너는 운동하고 있잖아."라고 반발할 것이다. 이때 B는 "어떻게 알지? 내 생각에는 네가 운동하고 있는데."라고 대응할 수 있다. 운동하고 있는지 아닌지의 차이를 물리법칙에서 어떤 실험으로도 알 수 없다면, 그리고 전하량 보존이 국소적이지 않다면, 특정한 사람만이 그러니까 절대적인 의미에서 멈춰 있는 사람만이 전하량 보존원리가 올바로 지켜지고 있음을 확인할 수 있을 것이다. 그러나 이는 아인슈타인의 상대성 원리에 따라 불가능하고, 그러므로 비국소적 전하량 보존은 불가능하다. 전하량 보존의 국소성은 상대성 이론과 조화를 이룬다. 국소성은 다른 모든 보존법칙들에서도 지켜진다는 것이 밝혀졌다. 어떤 양이 보존된다면, 그 양이 무엇이든 국소적 보존원리가 적용될 수 있다는 것을 당신도 이해할 수 있을 것이다.

전하와 관련해서 또 하나의 재미있는 현상이 있는데, 그 현상은 오늘날에도 완벽하게 설명할 수 없는 매우 이상한 것이다. 그 현상은 보존법칙과 아무 관계가 없는 독립적인 현상이다. 전하는 항상 기본단위로만 발생한다. 전하를 띤 알갱이가 있다면, 그 알갱이의 전하량은 항상 1이나 2 혹은 음의 값으로 1이나 2이다. 우리가 앞서 만든 표로 돌아가보자. 이 현상은 보존원리와는 아무런 관계가 없지만, 나는 전하량과 관련해서 보존되는 것은 기본단위로 발생한다고 기록하겠다. 전하량이 기본단위로 발생한다는 것은 정말 멋진 현상이다. 왜냐하면 이 현상 때문에 전하량 보존 이론을 이해하기가 매우 쉬워지기 때문이다. 우리는 전하를 여기에서 저기로 이동하는 하나의 개체로 간주할 수 있다. 마지막으로, 한 개체가 지닌 총 전하량은 전기력을 통해 쉽게 측정할 수 있다는 것이 밝혀졌다. 전하는 전기장 및 자기장의 원천이라는 매우 중요한 특성을 가지고 있기 때문이다. 전하는 대상이 전기, 즉 전기장과 상호작용하는 정도를 나타낸다. 따라서 우리는 표에 또 하나의 항목으로 장의 원천이라는 것을 추가하기로 하자. 다시 말해서 전기는 전하와 관련된다. 이와 같이 보존되는 특정한 양은 보존과 직접적으로 관련되지는 않지만 흥미 있는 다른 두 측면을 가진다. 하나는 단위로 발생한다는 것이고, 다른 하나는 장의 원천이라는 것이다.

다른 많은 보존법칙들이 있는데, 나는 우선 단지 세는 것으로 충분하다는 의미에서 전하량 보존과 같은 유형인 법칙들을 몇 개

더 예로 들겠다. 바리온(중입자, 무거운 알갱이) 보존법칙이라는 것이 있다. 중성자는 양성자로 변할 수 있다. 이 변화에서 중성자와 양성자를 각각 한 단위로, 즉 바리온 하나로 센다면, 바리온의 수는 변하지 않는다. 중성자는 바리온 전하 한 단위를 지니고 있다. 즉 바리온 하나를 나타낸다. 양성자 역시 바리온 하나를 나타낸다. 우리가 지금 하는 일은 그냥 개수를 세면서, 거창하게 말하는 것뿐이다! 즉 중성자가 양성자로 되는 반응, 다시 말해서 중성자 하나가 양성자 하나, 전자 하나, 그리고 반중성미자 하나로 붕괴하는 반응에서, 바리온의 총수는 변하지 않는다. 그러나 자연에는 다른 여러 반응들이 있다. 하나의 양성자에 하나의 양성자를 더하면, 매우 다양하고 이상한 입자들을 만들 수 있다. 예를 들어 람다(λ) 입자 한 개, 양성자(P) 한 개, 그리고 K^+ 입자 한 개를 만들어낼 수 있다. 람다와 K^+는 특이한 두 알갱이에 붙여진 이름이다.

$$(\text{쉬운 반응})\quad P + P \rightarrow \lambda + P + K^+$$

쉽게 확인할 수 있듯이, 이 반응에 우리가 넣은 바리온은 두 개인데, 나온 것은 바리온 한 개뿐이다. 따라서 람다나 K^+ 중 하나가 바리온 하나를 가지고 있을 것이다. 뒤에 람다를 공부하면 알겠지만, 람다는 매우 천천히 양성자 하나와 파이(π)로 붕괴하고, π는 결국 전자 등으로 붕괴된다.

$$(\text{느린 반응})\ \lambda \rightarrow P + \pi$$

위 반응에서 우리는 바리온이 다시 양성자의 형태로 발생한 것을 확인한다. 따라서 람다는 바리온 수 1을 갖는다고 생각할 수 있다. 반면에 K^+는 바리온 수 0을 갖는다.

[표 1]의 보존법칙들의 표를 마저 완성해보자. 지금 우리는 바리온과 관련해서 전하와 비슷한 상황에 도달했다. 바리온 수는 양성자 개수에다 중성자 개수와 람다 개수를 더하고, 거기에서 반양성자 개수와, 반중성자 개수 등을 빼는 특정한 규칙에 따라 계산된다. 그 규칙은 단지 세는 것에 불과하다. 바리온 수는 보존되고, 단위로 발생하며, 그래서 진실은 아무도 모르지만 물리학자들은 누구나 바리온 역시 전하와 마찬가지로 어떤 장의 원천이라 생각하고 싶어한다. 우리가 보존법칙들의 표를 만든 이유는, 핵 상호작용 법칙들을 추측하기 위해서이다. 이렇게 표를 만드는 것은, 자연과 관련된 추측을 신속하게 하는 방법 중 하나이다. 전하가 어떤 장의 원천이라면, 그리고 바리온이 다른 모든 측면에서 전하와 똑같은 행동을 보인다면, 바리온 역시 어떤 장의 근원이어야만 한다. 그러나 안타깝게도 아직까지는 진실이 그렇지 않은 듯이 보인다. 바리온이 장의 원천일 가능성은 열려 있지만, 우리는 아직 확신할 만큼 충분한 지식을 확보하지 못했다.

이와 같이 세는 것으로 충분한 보존원리들이 한두 개 더 있는

데, 그중 하나로 렙톤(경입자, 가벼운 알갱이) 수를 들 수 있다. 렙톤 수 개념은 바리온 수 개념과 근본적으로는 동일하다. 그러나 약간 다른 점이 있다. 앞서 언급한 이상한 알갱이들의 상호반응에는 자연적으로 성립하는 특정한 속도가 있는데, 어떤 반응들은 매우 빠르고 쉬운 반면, 다른 반응들은 매우 느리고 어렵다. 쉽거나 어렵다는 것은 실제로 실험하는 일과 관련된 기술적 의미에서 그렇다는 것이 아니다. 쉽거나 어렵다는 것은, 알갱이들이 있을 때 반응이 일어나는 비율이 크거나 작다는 것이다. 위에서 언급한 한 쌍의 양성자 붕괴와 람다의 훨씬 느린 붕괴 같은 두 종류의 반응 사이에는 분명한 차이가 있다. 만일 우리가 빠르고 쉬운 반응만을 고려한다면, 세는 것만으로 충분한 법칙이 하나 더 있음이 밝혀졌다. 이 법칙과 관련해서 람다는 −1을 갖고 K^+는 +1을 가지며 양성자는 0을 갖는다. 이 수는 기묘도strangeness 수 또는 초입자hyperon 전하라고 부른다. 이 수가 보존된다는 규칙은 모든 쉬운 반응에서는 맞지만, 늦은 반응에서는 틀린다는 것이 밝혀졌다. 그러므로 [표 1]에 근사적으로 타당한 기묘도 보존 또는 초입자 수 보존이라는 보존법칙을 추가해야만 한다. 근사적으로 타당한 보존법칙이 있다는 것은 매우 기묘하다. 왜 위의 수를 기묘도라고 명명했는지 당신도 이해할 수 있을 것이다. 그 수가 보존된다는 것은 근사적으로 참이고, 기본단위로 발생한다는 것도 참이다. 핵력과 관련된 강한 상호작용을 연구하는 과정에서, 강한 상호작용에서 기묘도 수가 보존된다는 사실이 밝혀졌고, 사람들은 기묘도 수가 강한 상호작용을 위한 어떤 장의 원천일 것이라고 제안하게 되었다. 하지만 우리는 아직 확실한 진실을 모른다. 내가 이 보존법칙을 언급한 것은, 보존법칙들이 새로운 법칙들을 추측하는 데 이용될 수 있음을 보여주기 위해서였다.

역시 세는 것을 기본으로 하는 또 다른 보존법칙들이 종종 제안되었다. 예를 들면 화학자들은 한때 무슨 일이 일어날지라도 나트륨 원자의 수는 똑같을 거라고 생각했다. 그러나 나트륨 원자는 영구적이지 않다. 원래의 원자들이 완전히 사라지도록 원자들을 한 원소에서 다른 원소로 바꾸는 것이 가능하다. 한동안 참이라고 믿었던 다른 법칙 중에 물체의 총 질량은 똑같다는 것이 있다. 이 법칙의 타당성 여부는 질량을 어떻게 정의하는지에 따라서, 질량과 에너지를 동일한 것으로 정의하는지 여부에 따라서 달라진다. 질량 보존법칙은 내가 지금부터 논의할 에너지 보존법칙에 함축된다. 에너지 보존법칙은 모든 보존법칙들 가운데 가장 유용하고 어렵고 추상적이다. 이 보존법칙은 내가 지금까지 설명한 보존법칙들보다 이해하기가 더 어렵다. 왜냐하면 전하 보존을 비롯해서 내가 설명한 보존법칙들에서는 작동원리가 분명했기 때문이다. 그 보존법칙들은 일종의 개체 보존법칙이었다. 물론 완벽하게 개체 보존법칙이라고는 할 수 없다. 한 개체가 사라지고 다른 개체가 생겨나는 경우도 있으니까 말이다. 그러나 그럼에도 불구하고 그 보존법칙들에서는 사실상 그저 세는 것이 관건이었다.

에너지 보존은 약간 더 어렵다. 이 법칙에서도 시간에 따라 바뀌지 않는 한 수가 나타나는데, 그 수는 어떤 특정한 개체를 나타내지 않는다. 이를 간략하게 설명하기 위해서 약간은 어리석은 비유를 해보겠다.

엄마가 아이를 방에 홀로 남겨두고 절대로 깨뜨릴 수 없는 나무토막 28개를 주었다고 하자. 아이는 하루 종일 나무토막을 가지고 놀았고, 엄마가 돌아와서 확인해보니, 28개의 나무토막이 그대로 있었다. 그렇게 며칠이 지난 어느 날 나무토막을 조사한 엄마는 방 안에 27개만 있는 것을 발견했다. 하지만 엄마는 창문 밖에 떨어진 나무토막 하나를 찾아낼 수 있었다. 아이가 나무토막을 밖으로 내던진 것이다. 보존법칙을 이해하기 위해 주목해야 할 첫 번째 조건은, 당신이 주목하는 것이 벽을 뚫고 나가서는 안 된다는 것이다. 똑같은 일이 다른 방식으로 일어날 수도 있다. 이를테면 친구가 아이와 놀기 위해 집에 왔다가 나무토막을 몇 개 가지고 갈 수도 있다. 이런 일들은 분명 보존법칙에 대해 이야기할 때 고려해야만 하는 것들이다. 어느 날 단지 25개의 나무토막만이 있음을 확인한 엄마가, 아마도 아이가 3개의 나무토막을 작은 장난감 상자 속에 감추었으리라고 의심한다고 하자. 그래서 엄마는 "상자를 열어보렴."이라고 말한다. 어린이는 "안 돼요, 상자를 열 수는 없어요."라고 말한다. 매우 현명한 엄마라면, "상자가 비어 있을 때는 16온스(1온스는 약 28.35그램임)였다는 것을 알고 있고, 나무토막 하나의 무게는 3온스이므로, 내가 상자의 무게를 잴 테야."라고 말할 수 있다. 그래서 엄마는 나무토막의 수가 총 몇 개인지를 다음의 공식을 이용해서 구할 수 있다.

$$\text{보이는 나무토막의 수} + \frac{\text{상자의 무게} - 16\text{온스}}{3\text{온스}}$$

무게를 재고 계산을 하니 나무토막은 모두 28개였다. 얼마 동안은 이런 방식으로 나무토막의 보존을 확인할 수 있었다. 그런데 어느 날 계산값이 맞지 않게 되었다. 하지만 엄마는 싱크대에 고인 물의 수위가 바뀌었음을 알아챘다. 그녀가 아는 바에 따르면, 그 물의 깊이는 안에 나무토막이 없을 때 6인치이며, 나무토막 한 개가 물 속에 있다면 수위가 $\frac{1}{4}$인치 올라간다. 따라서 엄마는 항 하나를 공식에 덧붙여 아래의 공식을 얻는다.

$$\text{보이는 나무토막의 수} + \frac{\text{상자의 무게} - 16\text{온스}}{3\text{온스}} + \frac{\text{물의 깊이} - 6\text{인치}}{\frac{1}{4}\text{인치}}$$

이 공식으로 다시 한 번 계산하니 계산값 28이 나왔다. 어린아이가 점점 영리해질수록, 엄마도 같이 영리해지고, 그럴수록 나무토막을 나타내는 더 많은 항들이 추가되어야만 한다. 그러나 복잡해지는 공식은 수학적으로 볼 때 추상적인 계산일 뿐이다. 왜냐하면 실제 나무토막은 보이지 않기 때문이다.

이제 나는 비유를 그만 마무리하고, 이 비유와 에너지 보존 사이의 공통점과 차이점에 대하여 말하고자 한다. 먼저 당신이 모든 상황에서 나무토막을 전혀 볼 수 없다고 해보자. 그렇다면 '보이는 나무토막의 수' 항은 제거되어야 할 것이다. 이 경우 엄마는 매번 '상자 안에 있는 나무토막' '물 속에 있는 나무토막' 등의 수많은 항들을 계산해야 할 것이다. 바로 이 점이 우리의 나무토막 이야기와 다르게 에너지 보존에서 특이한 점이다. 우리가 아는 한, 에너지와 관련해서는 어떤 나무토막도 없다. 또한 나무토막의 경우와는 다르게, 에너지에서는 등장하는 수들이 정수가 아니다. 다시 말해서 불쌍한 엄마는 때로 한 항에서 $6\frac{1}{8}$토막의 계산값을 얻고 다른 항에서는 $\frac{7}{8}$토막의 값을 얻어, 다른 항들에서 얻은 21과 합하여 총합 28을 얻기도 한다. 이것이 에너지의 모습이다.

우리는 일련의 규칙들을 이용해서 에너지를 계산할 수 있음을 발견했다. 상이한 각각의 규칙들의 집합으로부터, 각각 다른 종류의 에너지를 나타내는 수를 계산할 수 있다. 상이한 에너지 형태들을 나타내는 그 수들을 전부 더하면, 총합은 항상 동일하다. 그러나 우리가 아는 한에서는, 에너지의 실제 단위는 전혀 없다. 에너지 단위에 해당하는 작은 구슬 같은 것은 없다. 추상적이고, 순수하게 수학적이고, 계산할 때마다 항상 불변하는 수가 있다는 것은 추상적이고 순전히 수학적인 사실이다. 이것은 내가 할 수 있는 최선의 에너지 보존 해석이다.

에너지는 상자에 있는 나무토막, 물 속에 있는 나무토막 등과 유사하게 온갖 형태를 가진다. 운동에너지라 부르는 운동에 의한 에너지, 중력 상호작용에 의한 에너지(중력 퍼텐셜에너지라고 부른다), 열에너지, 전기에너지, 빛에너지, 용수철에서의 탄성에너지 등이 있으며, 화학에너지, 핵에너지도 있다. 또한 알갱이가 단지 존재하기 때문에 가지는 에너지도 있는데, 그 에너지는 알갱이의 질량에 직접적으로 의존한다. 여러분도 다 알고 있으리라 믿지만, 이 마지막 에너지는 아인슈타인의 업적이다. $E = mc^2$ 이라는 유명한 공식은 내가 얘기하는 에너지-질량 법칙을 나타내는 공식이다.

나는 수많은 에너지들을 언급했지만, 그 에너지들 사이의 관계에 대해서도 몇 마디 보충하고자 한다. 에너지들 가운데 몇몇과 다른 것들과의 관계를 우리는 잘 이해하고 있다. 예를 들어 열에너지라는 것은 상당 부분 대상 안에 있는 알갱이들이 운동하는 운동에너지일 뿐이다. 탄성에너지와 화학에너지는 똑같은 기원을 가진다. 즉 이 두 에너지는 원자들 사이의 힘 때문에 생긴다. 만약 원자들이 스스로 재배열하여 새로운 패턴을 만든다면, 특정한 에너지가 바뀌고, 따라서 어떤 다른 에너지도 바뀌어야만 한다. 예를 들어 당신이 어떤 것을 태운다면, 그것의 화학에너지가 바뀌게 되고, 따라서 당신은 이전에는 열이 없었던 곳에서 열을 갖게 된다. 왜냐하면 전체 에너지를 합하면, 이전과 동일해야 하기 때문이다. 탄성에너지와 화학에너지는 둘 다 원자들의 상호작용인데, 오늘날 우리는 그 상호작용을 전기에너지와 운동에너지의 조합으로 이해한다. 이때 운동에너지는 앞에서와는 달리 양자역학적으로 표현된다. 빛에너지는 전기에너지에 불과하다. 왜냐하면 빛은 오늘날 전기 및 자기 파동으로 해석되고 있기 때문이다. 핵에너지는 다른 것들로 나타내어지지 않는다. 현재로서는 핵에너지가 핵력의 결과라는 것만이 내가 얘기할 수 있는 것 전부이다. 나는 지금 에너지 방출에 대해서만 얘기하는 것이 아니다. 우라늄 핵에는 일정한 양의 에너지가 있다. 만약 우라늄 핵이 붕괴하면, 핵에 남아 있는 에너지 양은 변하지만, 우주의 에너지 총량은 변하지 않는다. 따라서 붕괴 과정에서는 에너지 균형을 이루기 위하여 많은 열과 기타 여러 물질이 생겨난다.

에너지 보존법칙은 공학에서 다양한 방식으로 이용된다. 에너지 보존법칙과 에너지 계산 공식을 알고 있으면, 이를 이용해서 다른 법칙들을 이해할 수 있는데, 이 사실을 보여주기 위해 나는 에너지 보존법칙이 공학적으로 이용되는 단순한 예들을 설명하고자 한다. 언급한 사실을 다른 말로 표현한다면, 많은 다른 법칙들은 독립적인 법칙이 아니라 다만 에너지 보존법칙을 표현하는 은밀한 방법들일 뿐이다. 가장 간단한 예는 [그림 14]가 보여주는 지렛대 법칙이다.

받침대 위에 지렛대가 있다. 한쪽 팔의 길이는 1피트이고 다른 쪽은 4피트이다. 먼저, 나는 중력에너지 법칙을 제시해야 한다. 즉 만일 당신이 여러 추를 가지고 있다면, 각각의 추의 무게에,

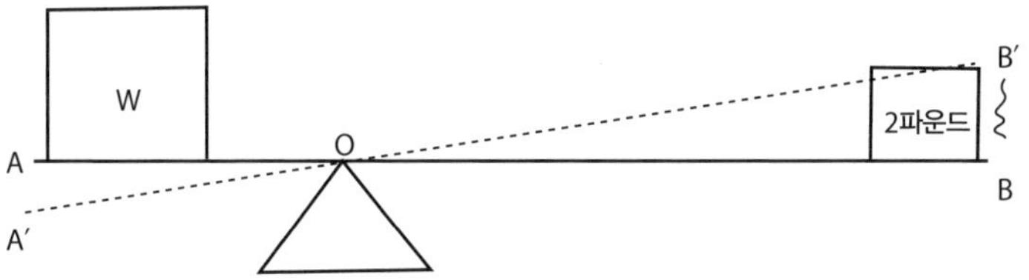

[그림 14] 지렛대 법칙.

추가 기준선으로부터 떨어져 있는 높이를 곱하라. 이어서 모든 추에 대해서 그 곱을 구하여, 이들을 전부 합하면, 총 중력에너지를 구할 수 있다. 지렛대의 긴 팔에 2파운드(1파운드는 약 453.6 그램임)짜리 추가 있고, 다른 팔에 무게를 모르는 미지의 추가 있다고 하자. 미지의 대상은 항상 x로 표기된다. 그렇다면 이 강연을 특별 강연답게 만들기 위해서 우리가 상정한 미지의 추의 무게를 W로 나타내자! 이제 문제는 W가 얼마이어야만, 지렛대가 정확하게 균형을 이루어 아무런 문제 없이 아래위로 가볍게 흔들릴 것인가이다. 지렛대가 균형을 이루고 부드럽게 움직인다는 것은, 지렛대가 수평이거나 약간 기울었거나 상관없이 에너지가 똑같음을 의미한다. 예를 들어 지렛대가 기울어져 2파운드짜리 추가 기준선 위 1인치에 있어도, 지렛대가 수평일 때와 에너지가 동일함을 의미한다. 만일 에너지가 똑같다면, 지렛대가 어떻게 기울어지든 추가 떨어질 것을 걱정할 필요가 없다. 2파운드짜리 추가 1인치 위로 올라간다면 W는 얼마나 아래로 내려갈 것인가? [그림 14]에서 볼 수 있는 것처럼 AO는 1피트이고 OB는 4피트이므로, BB′가 1인치라면 AA′는 $\frac{1}{4}$인치가 될 것이다. 이제 중력에너지 법칙을 적용하자. 아무 일도 일어나지 않았을 때에는 모든 추들의 높이가 0이었고, 그래서 총 에너지는 0이다. 지렛대의 움직임이 일어난 후의 중력에너지를 계산하려면, 긴 팔에 있는 추의 질량 2파운드에 1인치를 곱하고, 거기에다 미지의 추의 질량 W에 $-\frac{1}{4}$인치를 곱한 것을 더해야 한다. 이 계산값이 이전과 똑같이 0이 되어야만 한다. 다시 말해서

$$2-\frac{W}{4}=0,\quad \text{그러므로 W는 8이 되어야만 한다.}$$

이것은 여러분이 이미 알고 있는 쉬운 법칙인 지렛대의 법칙을 이해하는 한 방법이다. 그러나 흥미롭게도 이 법칙뿐만 아니라 수많은 다른 물리법칙들도 에너지의 여러 형태와 긴밀하게 연관될 수 있다. 나는 에너지 보존법칙이 얼마나 유용한가를 보여주기 위하여 이 한 예를 들었을 뿐이다.

물론 실제로는 중심점에서의 마찰 때문에 지렛대의 법칙이 제대로 적용되지 않는다는 문제가 있다. 어떤 것이 운동하고 있다면, 예를 들어 구 하나가 일정한 높이에서 굴러가고 있다면, 그것은 마찰 때문에 멈추게 될 것이다. 구의 운동에너지가 어디로 사라지는 것일까? 구의 운동에너지가 바닥과 구에 있는 원자들의 꼬물거림jiggling 에너지로 바뀌었다는 것이 정답이다. 커다란 규모에서 본 세계는 잘 닦은 구처럼 매끈하고 둥근 것처럼 보이지만,

작은 규모에서 본 세계는 사실상 매우 복잡하다. 수십억 개의 작은 원자들이 온갖 종류의 불규칙한 모양들을 하고 있다. 정밀하게 살펴본 구는 매우 거친 돌과 같다. 그것은 작은 원자들로 만들어져 있기 때문이다. 바닥도 마찬가지다. 바닥 역시 원자들로 울퉁불퉁하다. 이 괴물 구를 확대된 바닥 위로 굴린다면, 작은 원자들이 맞물리고 꼬물거리고, 맞물리고 꼬물거리는 일이 반복된다. 구가 지나간 후에도 바닥에 있는 원자들은 그들이 겪은 맞물리고 꼬물거리는 운동을 여전히 계속하고 있다. 그래서 바닥에는 꼬물거리는 운동 또는 열에너지가 남게 된다. 얼핏 보면 보존법칙이 틀린 것처럼 보인다. 하지만 에너지는 숨는 경향이 있어서, 그것이 여전히 거기에 있음을 확인하기 위해서는 온도계를 비롯한 기구들이 필요하다. 과정이 아무리 복잡하다 할지라도 에너지는 보존된다는 사실을 우리는 안다. 비록 우리가 상세한 법칙들을 모른다 할지라도 말이다.

에너지 보존법칙을 최초로 입증한 것은 물리학자가 아니라 의학자였다. 그는 쥐를 대상으로 실험을 했다. 만약 여러분이 음식을 태운다면 얼마나 많은 열이 생기는가를 알아낼 수 있다. 한편 쥐에게 똑같은 양의 음식을 먹인다면, 음식은 태울 때와 마찬가지 방식으로 산소와 결합하여 이산화탄소로 바뀌게 된다. 두 경우에서 발생하는 에너지를 측정해보면, 살아 있는 생명체에서 일어나는 일이 생명 없는 것들에서와 정확하게 같음을 알게 된다. 에너지 보존법칙은 다른 현상에서와 마찬가지로 생명에서도 참인 것이다. 다시 강조하지만, '생명 없는' 것들에 대하여 우리가 알고 있는 법칙 또는 원리를 위대한 생명 현상에 대해서도 실험할 수 있고, 또한 그 경우에도 똑같이 타당하다는 사실은 대단히 흥미롭다. 비록 살아 있는 것들이 훨씬 더 복잡하다 하더라도, 물리법칙들에 관한 한 생명체에서 일어나는 것이 생명 없는 것들에서 일어나는 것과 반드시 다르다는 증거는 아직 없다.

음식에 있는 에너지의 양은 칼로리 단위로 측정되는데, 그 양은 음식이 만들어낼 수 있는 열의 양, 혹은 역학적 일 등을 의미한다. 우리가 칼로리라 불리는 어떤 것을 먹는 것은 아니다. 칼로리는 단지 음식에 있는 열에너지의 양을 나타내는 단위이다. 때때로 물리학자들은 자신들이 대단히 뛰어나고 현명하다고 생각하기 때문에, 다른 사람들은 어떤 점에서라도 그들을 반박하고 싶어한다. 내가 여러분에게 물리학자들을 반박할 수 있는 방법을 일러주겠다. 물리학자들은 그토록 다양한 방식으로 에너지를 도입하고 또한 다른 단위로 측정하고 다양한 이름으로 명명한 것을 부끄러워해야만 한다. 모든 것이 다 정확히 똑같은 것을 측정하는 단위임에도 불구하고, 에너지를 칼로리, 에르그, 전자볼트, 피트 파운드, B.T.U., 마력 시간, 킬로와트 시간 등으로 잰다는 것은 우스꽝스러운 일이다. 이는 마치 화폐에 달러, 파운드 등의 단위가 있는 것과 같다. 하지만 환율이 유동적인 경제 상황과는 달리, 에너지 단위들 사이의 비율은 정확히 고정되어 있다. 비슷한 예를 들자면, 실링과 파운드의 비율이 항상 20실링 대 1파운드인 것을 들 수 있다. 그러나 물리학자가 허용한 복잡한 성질 하나는, 단위들 사이의 비율이 20과 같이 간단하지 않고 1파운드 대 1.6183178실링과 같이 무리수가 되는 것이다. 적어도 더 현대화된 고급 이론물리학자들은 통일된 단위를 사용할 것이라고 여러분은 기대할지도 모르지만, 여전히 논문에서는 절대온도, 메가사이클스, 그리고 가장 최근의 것으로는 페르미스의 역 등이 에너지 단위로 사용된다. 물리학자들이 인간이라는 것을 확인하고 싶은 사람이 있다면, 물리학자들이 에너지를 나타내기 위해 이 모든 다양한 단위들을 사용하는 어리석음을 범하고 있다는 사실이 좋은 증명이 될 수 있을 것이다.

자연 속에는 우리에게 에너지와 관련된 기이한 문제들을 제시하는 많은 흥미로운 현상들이 있다. 최근에 발견된 천체로 지구에서 대단히 멀리 떨어져 있으면서 엄청나게 많은 에너지를 빛과 전파의 형태로 방출하는 퀘이사라는 것이 있다. 그 천체가 방출하는 에너지는 도대체 어디에서 나오는가라는 의문이 제기된다. 에너지 보존법칙이 옳다면, 그렇게 엄청난 양의 에너지를 방출한 뒤 퀘이사의 상태는 이전의 상태와 달라야만 한다. 이때 질문은 이것이다. 퀘이사의 에너지는 중력에너지에서 오는가? 즉 무언가 다른 중력적 상태에서 중력 붕괴가 일어나는 것인가? 아니면 이 거대한 방출이 핵에너지로부터 오는가? 이 질문에 대한 답은 아무도 모른다. 여러분은 어쩌면 에너지 보존법칙이 옳지 않다고 제안할지도 모른다. 글쎄, 정답은 아무도 모르지만, 퀘이사처럼 불완전하게만 연구되는 대상의 경우에—퀘이사는 너무 멀리 떨어져 있어서 천문학자들도 쉽게 발견하지 못한다—그 대상이 근본법칙들과 조화되지 않는 듯이 보인다면, 근본법칙들이 틀리는 경우는 극히 드물고, 오히려 그 대상에 대한 세부 사항이 아직 알려지지 않아서일 경우가 많다.

에너지 보존법칙을 이용해서 연구한 또 하나의 재미있는 사례는 중성자 하나가 양성자 하나, 전자 하나, 그리고 반중성미자 하나로 붕괴되는 반응이다. 처음에는 하나의 중성자가 하나의 양성자와 하나의 전자로 붕괴된다고 생각했다. 그러나 모든 알갱이들의 에너지를 측정해보니, 양성자 하나와 전자 하나의 에너지를 합한 값이 중성자 하나의 에너지 값과 일치하지 않았다. 그렇다면 두 가지 해석 가능성이 있다. 첫째, 에너지 보존법칙이 옳지 않다고 할 수도 있다. 실제로 보어•는 잠시 동안 이 해석을 제안했는데, 그는 보존법칙은 통계적으로 평균에만 타당하다고 주장했다. 그러나 오늘날에는 다른 해석 가능성이 참이라는 것이 밝혀졌다. 그 해석에 따르면, 에너지가 일치하지 않는다는 사실은, 확인되지 않은 무엇인가가 생겨나고 있기 때문이다. 그 무엇인가는 오늘날 반중성미자라고 불린다. 반응에서 생겨나는 반중성미자가 에너지를 가져가는 것이다. 당신은 반중성미자의 존재를 상정하는 유일한 근거가 에너지 보존이 옳다는 믿음이라고 지적할

• Niels Bohr, 1885~1962, 덴마크의 물리학자. 원자 모델과 양자론을 이용하여 수소 원자의 스펙트럼을 설명함으로써 원자 구조에 대한 이론을 크게 확장시켰다.

지도 모른다. 그러나 반중성미자의 존재는 운동량 보존을 비롯한 여러 다른 보존법칙들이 타당하도록 만들어주며, 최근에는 그런 중성미자들이 실제로 존재한다는 것이 직접적으로 증명되었다.

이 예는 중요한 핵심을 말해준다. 우리가 가진 법칙들을 확신하지 못하는 영역들로 확장하는 일이 어떻게 가능할까? 우리는 여기에서 에너지 보존을 확인했을 뿐인데도, 어떻게 새로운 현상에 대해서도 에너지 보존법칙이 성립해야 한다고 확신할 수 있는 것일까? 여러분은 가끔 신문에서 물리학자들이 아껴온 어떤 법칙이 오류로 밝혀졌다는 기사를 읽기도 한다. 그러면 아직 관찰하지 않은 영역에서 어떤 법칙이 참이라고 말하는 것은 잘못일까? 만일 아직 살펴보지 않은 영역에서 어떤 법칙이 참이라고 결코 말해서는 안 된다면, 우리는 아무것도 알지 못하게 된다. 당신이 발견한 법칙들이 오직 이미 관측을 마친 것들이어야만 한다면, 당신은 결코 어떤 예측도 할 수 없을 것이다. 그러나 과학의 유일한 효용은 앞으로 더 나아가서 추측을 시도하는 것에 있다. 따라서 우리가 하는 일은 항상 위험을 무릅쓰는 추측이며, 에너지와 관련해서 가장 그럴듯한 추측은 에너지가 다른 곳에서도 보존된다는 것이다.

이는 당연히 과학이 불확실하다는 것을 의미한다. 직접적으로 경험해보지 못한 영역에 대하여 설명하는 순간 당신은 확신이 없어야 한다. 그러나 우리는 항상 보지 못한 영역에 대하여 설명해야 한다. 그렇지 않으면 우리가 하는 일들은 아무 쓸모가 없다.

예를 들어 물체가 운동하면, 에너지 보존법칙 때문에 물체의 질량이 바뀐다. 질량과 에너지의 관련성 때문에 운동과 관련된 에너지가 추가 질량으로 나타난다. 따라서 운동하는 물체는 더 무거워진다. 그러나 뉴턴은 질량이 일정하게 유지된다고 믿었다. 뉴턴의 생각이 참이 아니라는 것이 밝혀졌을 때, 사람들은 물리학자들이 자신들의 오류를 발견하는 것은 얼마나 끔찍한 일이냐고 계속해서 떠들었다. 물리학자들은 왜 자신들이 옳다고 생각했던 것일까? 추가 질량의 효과는 매우 작아서 광속 가까이 이르렀을 때에만 나타난다. 당신이 팽이를 돌린다면, 매우 작은 오차 범위 이내에서, 돌아가는 팽이의 무게는 그것을 돌리지 않을 때와 정확하게 똑같다. 그렇다면 물리학자들은 "어떤 속도 이상으로 운동하지 않는다면 질량은 변하지 않는다."라고 말해야만 했을까? 그렇게 했더라면 확실한 말을 할 수 있었을지도 모른다. 아니, 더 생각해보면, 그렇지 않다. 만일 나무, 구리, 철로 만든 팽이로 실험을 했다면, 물리학자들은 "구리, 나무, 철로 만든 팽이들은 어떤 속도 이상 돌리지 않을 때……"라고 말했어야만 한다. 여러분도 알다시피 우리가 실험에 필요한 모든 조건들을 알 수는 없다. 방사능 물질로 만든 팽이가 보존되는 질량을 가지는지 우리는 모른다. 그러므로 과학을 조금이라도 유용하게 만들려면 추측을 해야만 한다. 이루어진 실험들을 단순하게 묘사하는 것을 피하기 위해 우리는 관측한 영역을 뛰어넘는 법칙들을 제안해야만 한다. 이로 인해 과학이 불확실해지는 것은 사실이지만, 그것은 아무 문제도 아니다. 여러분은 지금까지 과학은 확실하다고 생각해왔을지도 모른다. 유감이지만 그렇게 생각한 여러분이 오류를 범했을 뿐이다.

이제 [표 1]의 보존법칙 표로 돌아가서 에너지 항목을 추가하자. 우리가 아는 한에서 에너지는 완벽하게 보존된다. 에너지는 기본단위로 발생하지는 않는다. 이제 의문은 에너지가 장의 원천인가이다. 정답은 그렇다이다. 아인슈타인은 중력을 에너지에 의해 생겨나는 것으로 이해했다. 에너지와 질량은 동등하다. 그러므로 질량이 중력을 만들어낸다는 뉴턴의 해석은 에너지가 중력을 만들어낸다는 설명으로 수정되어야 한다.

보존되는 것이 수라는 점에서 에너지 보존과 비슷한 다른 보존법칙들이 있다. 그 가운데 하나는 운동량 보존이다. 고려해야 할 모든 질량들에 각각의 속도를 곱한 뒤, 그 값을 모두 합하면 알갱이들의 운동량이 된다. 이때 운동량의 총량은 보존된다. 오늘날 에너지와 운동량은 매우 긴밀하게 관련된다고 알려져 있다. 그래서 나는 표 속에서 그 둘을 한 열에 표현했다.

보존되는 양의 다른 예로 각운동량이 있는데, 각운동량은 우리가 앞에서 이미 논의했던 항목이다. 각운동량은 운동하는 물체가 초당 만들어내는 넓이이다. 예를 들어 운동하는 물체가 있고, 임의의 한 점을 중심으로 정한다면, [그림 15]와 같이 중심에서 물체까지의 선이 넓이를 휩쓸고 지나는 속도는 증가하는데, 이 넓이 속도에 물체의 질량을 곱하고, 모든 물체에 대하여 그렇게 곱

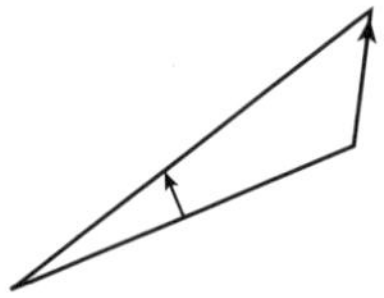

[그림 15] 각운동량 보존법칙의 한 예.

해서 얻은 값들을 전부 더한 합을 각운동량이라고 부른다. 이 양은 변하지 않는다. 따라서 우리는 각운동량 보존법칙을 얻었다. 혹시 여러분이 물리학을 너무 많이 알고 있을지도 몰라서 덧붙여 설명하면, 얼핏 보기엔 각운동량이 보존되지 않는 것처럼 여겨질 수도 있다. 에너지와 마찬가지로 각운동량도 다양한 형태로 나타난다. 비록 대부분의 사람들은 각운동량이 운동에서만 발생한다고 생각하지만, 이제부터 설명하듯이, 각운동량은 다른 형태로도 나타난다.

[그림 16]에서처럼 만일 당신이 자석을 위로 움직여 전선 속으로 밀어넣는다면, 전선을 통과하는 자기력선 다발이 증가함으로써 자기장이 증가하기 때문에, 전선에 전류가 생겨날 것이다. 이것은 전기 발전기가 작동하는 원리이다. 이제 전선 대신에 원반이 있다고 상상하자. 전선 속의 전자가 있는 것과 비슷하게 원반에는 전하들이 있다. 이제 자석을 원반을 향하여 한가운데 축을 따라 멀리서부터 매우 빠르게 위로 가져오자. 그러면 자기력선 다발에 변화가 생긴다. 그렇다면 전선에서와 같이 전하들이 움직이기 시작할 것이다. 만일 원반이 자유롭게 회전할 수 있는 상태

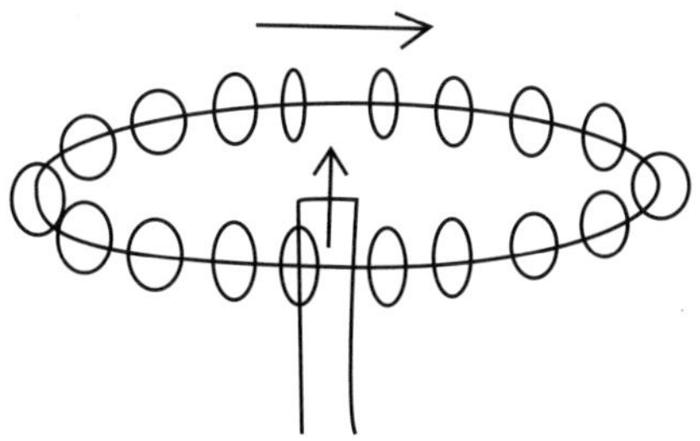

[그림 16] 원반에 전하들이 있고 자석이 원반 한가운데를 향해 아래에서 위로 움직이면 자기력선 다발에 변화가 생기고, 원반이 회전하게 된다. 이것은 각운동량 보존법칙에 위배되는 현상일까?

라면, 자석을 위로 가져오는 동안 원반이 회전하게 될 것이다. 이 현상은 각운동량 보존법칙을 위반하는 것처럼 보인다. 왜냐하면 자석이 원반으로부터 멀리 있을 때는 아무것도 돌지 않았는데, 자석이 다가올 때는 원반이 돌기 때문이다. 우리는 무로부터 회전을 얻었으므로, 각운동량 보존법칙은 깨졌다. 여러분은 이렇게 말할지도 모른다.

"아하, 알았어요. 자석을 반대 방향으로 돌게 하는 다른 상호작용이 있어야만 해요."

좋은 발상이지만, 실제로 그런 상호작용은 없다. 자석에 작용하여 그것을 반대로 돌게 하는 어떤 전기력도 없다. 올바른 설명은 각운동량이 두 가지 형태로 나타난다는 것이다. 한 형태는 운동의 각운동량이고, 다른 하나는 전기장 및 자기장 속의 각운동량이다. 비록 운동으로 나타나지는 않지만 자석 주위의 장에는 각운동량이 있으며, 그 각운동량은 원반 회전의 반대 부호를 갖

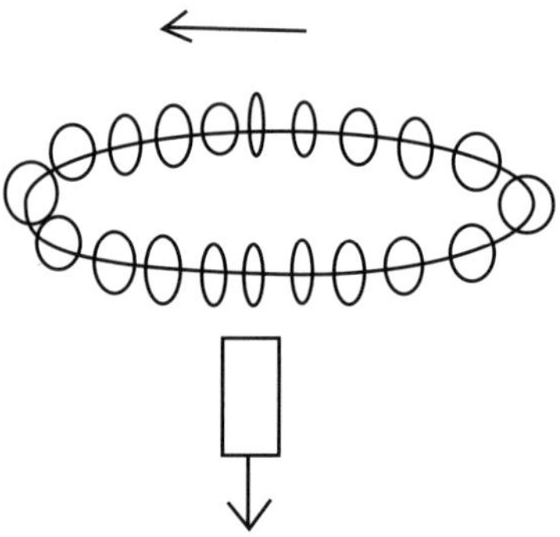

[그림 17] [그림 16]과 반대인 상황.

는다. [그림 17]처럼 반대의 경우를 살펴보면 사정이 더욱 명확해질 것이다.

알갱이들과 자석이 서로 가까이 있으면서 모두 멈춰 있다 할지라도, 나는 장 속에 각운동량이 있다고 말할 것이다. 그 각운동량은 실제 회전으로 나타나지 않는 숨겨진 각운동량이다. 자석을 아래로 내려 원반으로부터 멀어지게 하면, 장 전체가 멀어지므로 각운동량이 나타나야만 한다. 그래서 디스크는 돌기 시작할 것이다. 그것을 돌도록 만드는 법칙은 전기유도법칙이다.

각운동량이 기본단위로 발생하는가는 답하기 매우 어렵다. 언뜻 보기에는 각운동량에 기본단위가 있다는 것이 절대적으로 불가능해 보인다. 왜냐하면 각운동량은 사건을 투사하는 방향에 의존하기 때문이다. 변하는 넓이를 바라볼 때 당신이 정면으로 보는가 혹은 약간 비스듬히 보는가에 따라 넓이의 변화는 다르게 보일 것이다. 만일 각운동량이 기본단위를 가진다고 해보자. 또한 당신이 어떤 것을 바라보았더니 그것의 각운동량이 8단위로 보였다고 해보자. 이때 당신이 그것을 아주 조금 다른 각도로 바라본다면, 각운동량은 약간 달라질 것이고, 어쩌면 8단위보다 아주 조금 작게 보일지도 모른다. 그런데 7은 8보다 아주 조금 작은 것이 아니다. 당신이 관찰한 각운동량은 8보다 약간 작은 어떤 특정한 크기이다. 그러므로 각운동량이 기본단위로 발생하는 것은 아마도 불가능할 것이다. 그러나 미묘하고 독특한 양자역학의 원리에 의해 이 반증을 비켜나갈 수 있다. 놀랍게도 임의의 축에 대해서 각운동량을 측정해보면, 그것은 항상 기본단위의 정수배이다. 각운동량의 기본단위는 전하의 기본단위처럼 셀 수 있는 종류의 기본단위는 아니다. 각운동량은, 측정값이 항상 기본단위의 정수배라는 수학적 의미에서, 기본단위로 발생한다. 그러나 우리는 이것을 전하의 기본단위를 해석할 때처럼, 어떤 가상적인 단위를 생각하여 그것을 세는 것으로 해석할 수는 없다. 각운동량을 나누어진 기본단위들로 상상하는 것은 불가능하다. 그럼에도 불구하고 각운동량은 항상 정수로 발생한다…… 매우 기이한 현상이다.

다른 보존법칙들도 있다. 그 법칙들은 내가 지금까지 묘사했던 것들보다 덜 흥미롭고, 정확히 말하면 수의 보존과 상관이 없다. 어떤 특정한 대칭성을 가지고서 운동하는 알갱이들이 있다고 해보자. [그림 18]에서처럼 알갱이들의 운동이 좌우대칭적이라고 하자. 그렇다면 우리는 물리학의 법칙들에 따라서 그 알갱이

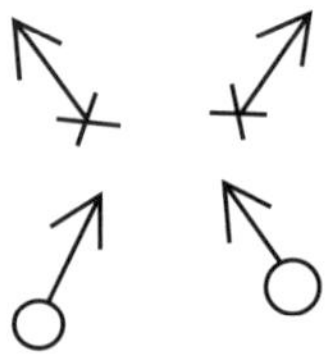

[그림 18] 알갱이들의 좌우대칭적인 운동은 시간이 흘러도 보존된다.

들의 운동이, 아무리 운동과 충돌이 일어났다 할지라도, 시간이 흐른 후에도 여전히 좌우대칭적일 것이라고 예측할 수 있다. 그 예측은 옳다. 그러므로 이 경우에 일종의 보존법칙이 성립한다. 즉 대칭성 보존법칙이 성립한다. 이 보존법칙도 표에 넣어야 하겠지만, 이 보존법칙은 측정값들의 보존과는 종류가 다르다. 우리는 다음 강의에서 대칭성 보존을 훨씬 더 상세하게 논할 것이다. 대칭성 보존법칙이 고전물리학에서 흥미롭게 다루어지지 않은 이유는, 그 시대에는 이렇게 완벽하게 대칭적인 초기 조건들이 매우 드물었기 때문이다. 그러므로 대칭성 보존법칙은 그다지 중요하지도 않고 실질적인 응용 가능성도 없는 보존법칙이었다. 그러나 양자역학에서 원자와 같이 매우 간단한 계를 다룰 경우에는 사정이 달라진다. 원자의 내부 구조는 흔히 좌우대칭성과 같은 특정한 대칭성을 가지며, 그 대칭성은 계속 유지된다. 그러므로 대칭성 보존법칙은 양자적 현상을 이해하는 데 중요한 역할을 한다.

한 가지 흥미로운 문제는, 보존법칙들 밑에 어떤 더 깊은 기반이 있는가, 아니면 보존법칙들을 최후의 기반으로 받아들여만 하는가이다. 나는 다음 강의에서 그 문제를 다루겠지만, 지금 분명히 해두고 싶은 것이 있다. 물리학의 원리들을 대중적인 수준에서 논의하면, 서로 관련이 없는 많은 개념들이 있는 것처럼 보인다. 그러나 다양한 원리들을 좀더 깊이 이해하면, 개념들 사이에 심층적인 연관성이 드러난다. 각각의 개념이 모종의 방식으로 다른 개념을 함축한다. 한 예로 상대성 원리와 국소적 보존의 필연성 원리 사이의 관계를 들 수 있다. 당신이 얼마나 빨리 움직이는지를 얘기할 수 없다는 원리는, 어떤 것이 보존된다면 그것은 한 곳에서 다른 곳으로 건너뛰지 않는 방식으로 보존되어야 한다는 원리를 함축한다. 내가 아무런 논증 없이 이 사실을 얘기한다면, 당신은 이 사실을 일종의 기적으로 여기게 될지도 모른다.

이제 각운동량 보존법칙, 운동량 보존법칙, 그리고 다른 몇 가지 보존법칙들이 어느 정도 상호관련성을 가진다는 것을 얘기하고자 한다. 각운동량 보존은 운동하는 알갱이들이 쓸고 지나가는 넓이와 관계된다. [그림 19]와 같이 운동을 하는 많은 알갱이들이 있고, 당신이 설정한 중심(x)이 매우 멀리 떨어져 있다고 하면, 중심으로부터 각각의 알갱이까지의 거리는 모두 거의 똑같을 것이다. 이 경우에는 쓸고 지나가는 넓이 또는 각운동량 보존과 관련해서 의미 있는 것은 오직 한 방향의 운동 성분뿐이다. [그림 19]에서는 운동의 수직 성분만 기여한다. 그렇다면 알갱이의 질

[그림 19] 중심(x)으로부터 같은 거리만큼 떨어져 있는 알갱이들이 운동하면서 쓸고 지나가는 넓이는 각운동량 보존과 관계된다.

량에 속도의 수직 성분을 곱한 값들의 총합은 일정해야만 한다. 왜냐하면 임의의 점에 대해서 각운동량이 일정해야 하며, 중심을 충분히 멀리 있는 점으로 선택하면, 각운동량과 관련되는 것이 오직 질량과 속도뿐이기 때문이다. 그러므로 각운동량 보존은 운동량 보존을 함축한다. 운동량 보존 역시 어떤 다른 항목의 보존을 함축한다. 그 항목은 운동량과 너무도 긴밀하게 관련되어 있기 때문에, 나는 구태여 그 항목을 표에 포함시키지 않았다. 그 항목은 중력 중심center of gravity이다([그림 20]).

그림에서처럼 상자 안에 있는 한 질량이 저 혼자서 한 곳에서 다른 곳으로 이동할 수는 없다. 이것은 질량 보존과는 아무런 관계가 없다. 질량이 한 곳에서 다른 곳으로 이동한다 하더라도, 질량은 여전히 보존되기 때문이다. 전하는 그렇게 혼자 움직일 수 있지만, 질량은 그럴 수 없다. 왜 그런지를 설명하겠다. 물리법칙들은 운동에 영향을 받지 않으므로, 우리는 그림에 있는 상자가 서서히 위로 올라가고 있다고 가정할 수 있다. 이제 상자에서 멀리 떨어지지 않은 한 점 x를 중심으로 해서 각운동량을 구해보자. 상자가 위로 올라가는 동안 질량은 상자 안의 한 지점 1에 그

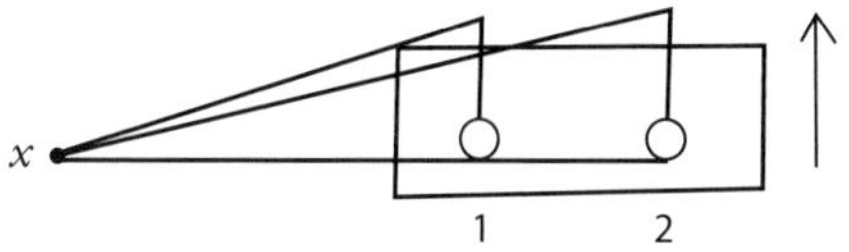

[그림 20] 질량을 위치 1에서 위치 2로 이동시키면 쓸고 지나가는 넓이가 더 큰 비율로 증가할 텐데, 이는 각운동량 보존법칙에 위배되므로 질량을 이동시킬 수 없다.

대로 머물러 있다면, 그 질량은 쓸고 지나간 넓이를 일정한 비율로 만들 것이다. 질량이 위치 2로 이동한 뒤에는, 쓸고 지나간 넓이가 더 큰 비율로 증가할 것이다. 왜냐하면 상자가 여전히 위로 올라가고 있으므로 비록 높이는 똑같을지라도, *x*로부터 질량까지의 거리가 증가했기 때문이다. 그런데 각운동량 보존법칙에 의하면 넓이의 변화 비율이 달라질 수 없다. 그러므로 당신이 어떤 작용을 가하여 각운동량을 보정하지 않는 한, 당신은 질량을 한 곳에서 다른 곳으로 이동시킬 수 없다. 이것이 로켓들이 텅 빈 공간에서 움직일 수 없는 이유이다. 그런데 로켓은 실제로 움직이지 않는가! 많은 질량들이 있는 상황을 생각해보자. 만일 질량들 중 하나가 앞으로 이동한다면, 다른 질량들은 뒤로 이동해야만 한다. 그렇게 되면, 질량들 전체의 앞뒤 방향 운동은 없다. 이것이 로켓이 작동하는 방법이다. 로켓은 일단 텅 빈 공간에 멈춰 있다. 이어서 로켓은 뒤로 가스를 분출한다. 가스는 뒤로 이동하고 로켓은 앞으로 나아간다. 요점은 세상에 있는 모든 물질들의 질량 중심은 그것이 전에 있었던 바로 거기에 그대로 있다는 것이다. 우리가 주목하는 부분이 앞으로 움직였다면, 우리가 간과한 부분은 뒤로 움직였다. 세상에서 우리가 관심을 두는 것들이 보존된다고 말하는 정리는 없다. 오직 모든 것의 총합이 보존된다고 말하는 정리만 있다.

물리법칙들을 발견하는 것은 조각 그림 맞추기와 비슷하다. 우리는 수많은 조각들을 가지고 있으며, 오늘날에는 그 조각들의 수가 급격히 빠르게 증가하고 있다. 그들 가운데 상당수는 다른 것들과 맞추어지지 않은 채 겉돈다. 그 조각들이 한 그림에 속한다는 것을 어떻게 알 수 있을까? 그들이 모두 아직은 불완전한 그림의 부분이라는 것을 어떻게 알 수 있을까? 우리는 확실히 알 수 없고, 그 때문에 어느 정도 염려도 하지만, 여러 조각들이 지닌 공통적인 특성을 발견하고 힘을 얻는다. 여러 조각들이 모두 푸른 하늘을 보여주기도 하고, 여러 조각들이 모두 똑같은 종류의 목재로 만들어져 있기도 하다. 모든 다양한 물리법칙들은 똑같은 보존원리들을 따른다.

4 물리법칙의 대칭성

대칭성은 인간에게 정말 매력적인 듯하다. 우리는 행성 및 태양과 같은 완전하게 대칭적인 구, 눈송이 같은 대칭적인 결정, 또는 거의 대칭적인 꽃 등 자연에 있는 대칭적인 것을 바라보기 좋아한다. 그러나 내가 여기서 논의하고자 하는 것은 자연에 있는 물체의 대칭성이 아니라 물리법칙들의 대칭성이다. 물체가 어떻게 대칭적일 수 있는지를 이해하는 것은 쉽다. 그러나 물리법칙이 어떻게 대칭성을 가질 수 있을까? 일상적인 의미에서는 당연히 가질 수 없다. 하지만 물리학자들은 일상적인 말을 무언가 다른 뜻으로 사용하면서 쾌감을 느끼곤 한다. 물리학자들은 물체의 대칭성과 매우 비슷한 어떤 것을 물리법칙들에서 느끼고, 그것을 법칙들의 대칭성이라고 부른다. 나는 그 대칭성을 논의하고자 한다.

대칭성은 무엇인가? 나를 바라보라. 나는 대칭적이다. 오른쪽과 왼쪽이 적어도 겉보기에는 분명히 대칭적이다. 꽃병도 같은 방식으로 혹은 다른 방식들로 대칭적일 수 있다. 대칭성을 어떻게 정의할 수 있을까? 내가 좌우대칭이라는 사실은, 나의 한쪽에 있는 모든 것을 다른 쪽에 놓았을 때, 즉 양쪽을 서로 바꿔놓았을 때 내가 완전히 똑같이 보인다는 것을 뜻한다. 정사각형은 특별한 종류의 대칭성을 갖는다. 왜냐하면 그것을 90도 돌려도 완전히 똑같게 보이기 때문이다. 수학자 헤르만 바일• 교수는 대칭성을 탁월하게 정의했다. 그 정의에 따르면, 물체에 어떤 조작을 가했을 때, 물체가 그 조작 후에도 이전과 똑같게 보인다면, 그 물체는 대칭적이다. 이런 의미의 대칭성을 생각하면, 물리법칙이 대칭적이라고 말할 수 있다. 물리법칙이 대칭성을 가진다는 것은, 우리가 물리법칙에 혹은 법칙의 표현에 가할 수 있는 어떤 조작이 있고, 그 조작을 가해도 아무것도 변하지 않는다는 것을 의미한다. 물리법칙들이 가지고 있는 이러한 특징(대칭성)을 우리는 이 강의에서 다룰 것이다.

이런 종류의 대칭성 가운데 가장 간단한 예—여러분이 예상하는 것들, 그러니까 좌우대칭성 같은 것들이 아니다—는 이른바

• Hermann Weyl, 1885~1955, 독일의 수학자이자 이론물리학자.

공간 속에서의 이동이라는 대칭성이다. 이동대칭성은 다음을 의미한다. 어떤 종류의 장치를 만들거나 또는 어떤 것으로 실험을 한다면, 이때 똑같은 종류의 실험을 하기 위해 똑같은 장치를 만드는데, 그것을 단순히 공간의 한 곳에서 다른 곳으로 이동시켜서 거기 대신 여기에 놓는다면, 원래 실험에서 일어난 것과 똑같은 일이 이동된 실험에서도 일어날 것이다. 이 강의실에서는 사실 이 말은 참이 아니다. 만약 내가 이 자리에서 실험장치를 만든 다음 왼쪽으로 20피트 옮겨놓으려 한다면, 실험장치가 벽 속으로 들어가야 할 테니까. 이동대칭성을 정의하려면, 상황에 영향을 줄 수 있는 모든 것들을 고려해야만 한다. 그러므로 실험장치를 옮길 때는 모든 것을 함께 옮겨야 한다. 예를 들어 내가 진자pendulum가 포함된 계를 오른쪽으로 2만 마일 옮긴다면, 지구의 인력이 다르기 때문에 진자가 제대로 작동할 수 없게 된다. 그러나 내가 지구도 함께 옮긴다고 상상하면, 진자는 원래와 동일하게 작동할 것이다. 중요한 것은, 상황에 조금이라도 영향을 미칠 수 있는 것들을 모두 옮겨야 한다는 것이다. 이것은 약간 멍청한 얘기처럼 들린다. 당신은 아무렇게나 실험장치를 옮겨놓을 수 있을 것이다. 만일 옮겨진 실험장치가 올바로 작동하지 않으면, 당신은 무언가 덜 옮겼다고 얘기할 수 있다—그러니까 당신은 항상 당당할 수 있다. 그러나 사실은 멍청한 얘기가 아니다. 왜냐하면 당신이 항상 당당할 수 있다는 것이 자명하지 않기 때문이다. 놀랍게도 원래와 똑같이 작동할 만큼 충분히 사물들을 옮기는 것이

가능하다. 이는 자연이 지닌 놀라운 특징이다. 따라서 내가 한 얘기는 실질적인 내용의 얘기다.

내 얘기가 참이라는 것을 예를 통해서 보여주고 싶다. 중력법칙을 예로 들어보자. 중력법칙에 따르면, 물체들 사이의 힘은 거리의 제곱에 반비례한다. 물체는 힘의 방향으로 속도를 바꿈으로써 힘에 반응한다는 것을 상기하라. 내가 예를 들어 태양과 그 둘레를 도는 한 행성과 같은 한 쌍의 물체를 가지고 있고, 그 한 쌍 전체를 이동시킨다고 해보자. 이때 두 물체 사이의 거리는 당연히 변하지 않으므로 힘도 변하지 않는다. 게다가 두 물체는 이동된 상황에서도 똑같은 속력으로 운동할 것이고, 모든 변화들은 비율이 일정할 것이며, 원래 계와 옮겨진 계에서 모든 것이 정확하게 똑같은 방식으로 작동할 것이다. 법칙이 우주 중심으로부터의 어떤 절대적 거리가 아니라 '두 물체 사이의 거리'를 언급한다는 사실은, 그 법칙이 공간 속에서 이동 가능하다는 것을 의미한다.

이것이 첫 번째 대칭성, 즉 공간 속에서의 이동이다. 두 번째 대칭성은 시간 속에서의 이동이라고 부를 수 있을 것이다. 하지만 더 좋은 표현을 택하여 그 대칭성을 '시간적 지연은 상관없음'이라 부르자. 우리가 한 행성을 출발시켜서 태양 둘레를 특정한 방향으로 돌도록 만든다고 해보자. 만일 우리가 행성을 똑같은 운동 상태에서 2시간 뒤, 또는 2년 뒤에 출발시킨다면, 행성과 태양은 정확하게 똑같은 방식으로 운동할 것이다. 왜냐하면 중력법칙은 속도를 언급할 뿐, 절대적 시간은 전혀 언급하지 않기 때문이다. 하지만 이 특수한 예에서는 우리가 확신을 가질 수 없다. 중력을 논의할 때 우리는 중력이 시간에 따라 변할 가능성을 언급했었다. 중력이 시간적으로 변한다는 것은, 시간 속에서의 이동대칭성이 타당하지 않음을 뜻한다. 왜냐하면 지금부터 십억 년 후에 중력이 더 약해진다면, 태양과 행성이 십억 년 후에도 지금과 정확하게 똑같은 방식으로 운동한다는 명제는 참이 아니다. 하지만 오늘날 우리가 아는 한(물리법칙의 특징을 논하면서 나는 우리가 오늘 알고 있는 특징만 논했다. 나는 그 특징이 우리가 내일 알게 될 특징이 되기를 바랄 뿐이다!), 시간적 지연은 아무 상관이 없다.

하지만 한 측면에서는 이것이 실제로 참이 아님을 우리는 안다. 시간 지연 대칭성은 우리가 현재 물리법칙이라 부르는 것들에 대해서는 참이다. 하지만 세상의 사실들(이들은 법칙과는 매우 다를 수 있다) 가운데 하나는 우주가 특정한 시간에 시작된 것처럼 보이며, 모든 것이 폭발하듯이 사방으로 흩어지고 있다는 것이다. 당신은 이 사실을, 공간에서 이동시킬 때 모든 것을 함께 이동시켜야 하는 것과 비슷하게 지리적인 조건을 감안해야 한다는 정도로 간주하려 할지도 모른다. 공간에서 모든 것을 함께 이동시킨 것과 마찬가지로 시간에서도 우주의 팽창을 함께 이동시켜야 하고, 따라서 법칙들은 시간에 대해서 동일하다고 주장하려 할지도 모른다. 우주의 시작 시점을 달리 놓는다면, 우리는 다른 분석을 할 수도 있을 것이다. 그러나 우주는 우리가 마음대로 시작할 수 있는 것이 아니다. 우리는 상황을 제어할 수 없고, 우주의 시작 시점을 달리 한다는 생각을 실험적으로 정의할 방법도 전혀 없다. 그러므로 과학적으로 얘기하는 한 우주의 시작 시점을 옮긴다는 말을 할 길이 전혀 없다. 사실상 세상의 상황들은 시간적으로 변하는 듯이 보인다. 은하계들은 서로 멀어지는 것처럼 보인다. 그래서 만일 당신이 과학소설 속에서 미지의 시간에 깨어난다면, 당신은 은하계들까지의 평균 거리를 측정하여 그때가 언제인가를 말할 수 있을 것이다. 이것은 시간이 지연되면 세계가 똑같이 보이지 않을 것임을 뜻한다.

오늘날 학자들은 일반적으로, 주어진 조건에서 출발할 경우 사물들이 어떻게 움직일지를 말해주는 물리법칙들과, 세계가 실제로 어떻게 시작되었는지에 관한 진술을 구별한다. 왜냐하면 세계의 실제 시작에 관해서 우리가 아는 것은 매우 적기 때문이다. 일반적으로 천문학의 역사 또는 우주론의 역사는 본성상 물리법칙과 약간 다르다고 여겨진다. 하지만 그 차이를 어떻게 정의할 것인가를 추궁받는다면 나는 궁지에 몰리게 될 것이다. 물리법칙의 최고 특성은 보편성에 있다. 그런데 모든 성운들의 팽창만큼 보편적인 것도 없다. 그러므로 내게는 물리법칙과 우주의 사실 사이의 차이를 정의할 방법이 없다. 하지만 우주의 기원 문제를 무시하고 알려진 물리법칙만을 고려한다면, 시간적인 지연은 아무런 변화를 일으키지 않는다.

대칭적 법칙의 몇 가지 다른 예를 들어보자. 하나는 공간에서의 고정된 회전이다. 내가 한 장소에서 어떤 장치로 실험을 한다고 하자. 이어서 똑같은 장치를 (원래 장치를 방해하지 않고 작동하도록 다른 장소에 놓고) 모든 축들이 다른 방향을 향하도록 돌려놓고 실험을 한다고 해보자. 두 번째 장치는 첫 번째와 똑같이 작동할 것이다. 이 경우에도 관련된 모든 것들을 돌려놓아야 한다. 만일 장치가 괘종 시계라면, 그것을 수평으로 회전시키면 추가 시계 벽에 닿게 되어 작동하지 못할 것이다. 그러나 지구도 함께 돌린다면(사실 지구는 항상 도는 중이다) 시계는 여전히 작동할 것이다.

이 회전 가능성을 수학적으로 기술하면 매우 흥미로운 결과를 얻는다. 일어나고 있는 상황을 묘사하기 위하여 수를 이용해 사물들의 위치를 나타내자. 그 수는 한 점의 좌표라고 부른다. 때때로 우리는 세 개의 수를 사용하여, 그 점이 특정한 평면보다 얼마나 위에 있는지, 그리고 얼마나 앞에 있는지(혹은 음수를 써서 얼마나 뒤에 있는지), 그리고 이를테면 왼쪽으로 얼마나 멀리 있는지를 기술한다. 회전과 관련해서는 이들 세 개의 좌표들 가운데 두 개만 이용하면 되므로, 나는 위-아래에 대해서는 고려하지 않겠다. 나로부터 앞으로 떨어진 거리를 x라고 부르고, 왼쪽으로 떨어진 거리를 y라고 하자. 그렇다면 임의의 물체의 위치를 앞으로 얼마 왼쪽으로 얼마라고 말하여 확정할 수 있다. 뉴욕 시에서 온 사람들은 거리 번호들이 이런 방식으로 매우 훌륭하게 표시된다

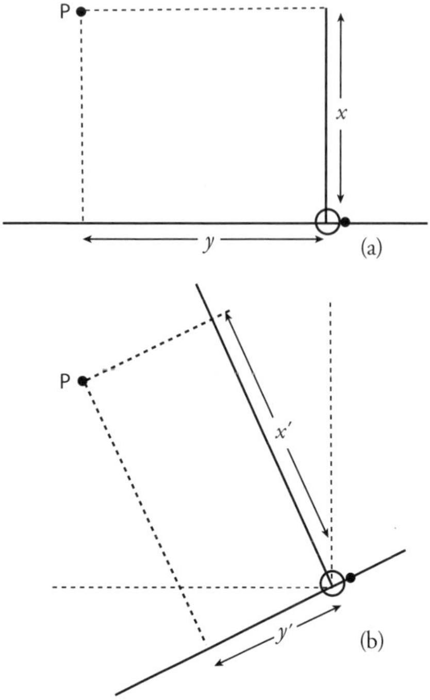

[그림 21] 좌표의 회전변환과 회전대칭성.

는 것을 알고 있을 것이다—최소한 6번 거리의 이름이 바뀌기 전까지는 그랬다!

수학적인 회전 개념은 다음과 같다. 방금 설명한 대로 내가 [그림 21a]에서처럼 한 점 P에 x, y 좌표를 부여하여 위치를 결정했는데, 다른 방향을 향한 어떤 다른 사람이 같은 방법으로 점 P의 위치를 결정하되 그 자신의 위치를 기준으로 x', y'을 계산한다면, 당신도 확인할 수 있듯이 내가 정한 x 좌표는 그 다른 사람이 계산한 두 좌표의 조합이다. 회전변환에 의해 좌표들이 연결되는 모습을 살펴보면, x가 x', y'과 섞이고, y가 y', x'과 섞인다. 자연 법칙들은 당신이 이렇게 좌표들을 조합하고 섞은 다음에 방정식에 다시 대입해도 형태에 변화가 생기지 않도록 쓰여야 한다. 이것이 수학적 형식으로 표현된 회전대칭성이다. 즉 x와 y로 된 방정식이 있을 때, 어떤 변환 공식에 의해 x와 y로부터 x'과 y'으로 문자를 바꾸었는데, 그렇게 바꾼 후에도 방정식은 같게 보이고 다만 문자들 위에 프라임만 붙어 있을 뿐이다. 이것은 내가 돌려놓은 내 장치에서 물체의 움직임을 보는 것과 똑같은 방법으로 다른 사람도 그의 장치에서 그 물체의 움직임을 본다는 것을 의미한다.

대칭성 법칙의 매우 흥미로운 다른 예를 보여주겠다. 그것은 등속직선 운동 문제이다. 물리법칙들은 등속직선 운동에 대해서 변하지 않는다고 믿어진다. 이것은 상대성 원리라고 불린다. 우주선이 있고 그 안에 어떤 장치가 있다고 하자. 또 지상에도 같은 종류의 장치가 있다고 하자. 이제 우주선이 일정한 속력으로 운동한다고 하자. 우주선 안에 누군가가 있어서 그곳의 장치에서 일어나는 일을 관찰한다면, 그 사람은 그냥 멈춰 있는 내가 지상의 장치에서 볼 수 있는 효과와 똑같은 것을 볼 수 있을 뿐이다. 물론 그가 밖을 보거나, 절벽에 부딪히는 등의 일이 생긴다면, 그것은 다른 문제다. 그러나 그가 등속직선 운동을 하는 한, 물리법칙들은 나에게나 그에게나 같게 보인다. 그러므로 나는 누가 운동하고 있는지 말할 수 없다.

여기서 더 나아가기 전에 한 가지 강조할 점은, 이 모든 변환과 대칭성과 관련해서 우리가 우주 전체를 움직이는 것에 대해 말하고 있는 것이 아니라는 것이다. 시간과 관련해서 내가 우주 전체 속의 시간을 모두 옮긴다고 상상한다면, 그것은 아무 의미가 없는 상상이다. 또한 내가 우주 전체에 있는 모든 것을 공간 속에서 움직이면, 우주가 똑같은 방식으로 행동할 것이라고 말하는 것 역시 아무런 의미가 없다. 놀라운 것은, 내가 장치의 한 부분을 이동시키고, 또한 많은 조건을 감안하고 충분한 장치를 동원한다면, 나는 우주의 한 부분을 나머지 모든 별들의 평균에 상대적으로 이동시켜서 이동 후에도 아무런 변화가 일어나지 않도록 만들 수 있다는 것이다. 상대성 이론과 관련해서 이는 다른 성운들의 평균에 상대적으로 등속직선 운동하는 사람은 전혀 운동의 효과를 알지 못한다는 것을 뜻한다. 달리 말하면, 밖을 내다보지 않으면서 차 안에서 행한 실험의 결과로 여러분이 모든 별에 대하여 운동하고 있는지 여부를 결정하는 것은 불가능하다.

이 주장을 처음 내놓은 것은 뉴턴이다. 그의 중력법칙을 살펴보자. 그 법칙에 따르면, 힘은 거리 제곱에 반비례하고, 속도의 변화를 만든다. 한 행성이 고정된 태양 주위를 돌 때 무슨 일이 일어나는가를 이해했다고 하자. 이제는 내가 한 행성이 운동하는 태양 주위를 돌 때 무슨 일이 일어나는가를 알고자 한다고 해보자. 그렇다면 첫 번째 경우에서 얻은 모든 속도들은 두 번째 경우에서는 전부 달라진다. 일정한 속도를 더해주어야만 한다. 그러나 법칙은 속도의 변화를 이야기하므로, 고정된 태양과 행성 사이에 작용하는 힘은 운동하는 태양과 행성 사이에 작용하는 힘과 똑같다는 것이다. 그러므로 두 행성의 속도 변화 또한 똑같을 것이다. 내가 두 번째 행성에 부가한 추가적인 속도는 다만 계속 유지되고, 모든 변화는 그 유지되는 속도 위에 쌓이게 된다. 수학적인 결론은, 일정한 속력을 더한다 해도 법칙들은 정확히 같을 것이고, 그러므로 태양계와 행성들이 태양을 돌아가는 방법을 연구한다 할지라도 태양 자체가 공간 속을 이동하는가를 알아낼 수는 없다. 뉴턴의 법칙에 따르면, 태양 자체의 운동은 태양 둘레의 행성 운동에 아무런 효과를 미치지 않는다. 그래서 뉴턴은 "공간 그 자체가 고정된 별에 대하여 멈춰 있든, 직선으로 일정한 속도로 운동하든 공간에서 물체들 사이의 운동은 동일하다."라고 덧붙였다.

뉴턴 이후에 새로운 법칙들이 발견되었는데, 그 가운데 맥스웰이 발견한 전기법칙이 있다. 전기법칙의 결과 가운데 하나는 파동, 즉 전자기파—예를 들어 빛은 전자기파이다—가 있어야 한다는 것이다. 전자기파는 1초에 186,000마일(초속 30만 킬로미터)의 속력으로 균일하게 간다. 예외가 없다. 어떤 일이 일어나더라도 1초에 186,000마일로 가야 한다는 말이다. 그렇다면 멈춰 있는 곳을 말하는 것은 쉬울 것이다. 왜냐하면 빛이 1초에 186,000마일로 간다는 법칙은 관찰자가 아무 지장 없이 운동하는 것을 (언뜻 보기에는) 허용하지 않을 것이 분명하기 때문이다. 나는 멈춰 있고 여러분은 초속 100,000마일로 가고 있는 우주선 안에 있다면, 그리고 내가 우주선의 작은 구멍을 향하여 초속 186,000마일의 빛살을 쏘아 그 빛살이 여러분의 우주선을 지나간다면, 여러분은 초속 100,000마일로 가고 있고 빛은 186,000마일로 가고 있으므로, 빛살은 단지 초속 86,000마일로 지나가는 것처럼 여러분에게 보일 것임이 명백하다. 그렇지 않은가? 그러나 실험을 해보면 여러분에게는 빛이 초속 186,000마일로 지나가는 것처럼 보인다. 그리고 나에게도 빛이 1초에 186,000마일로 지나가는 것처럼 보인다!

자연의 사실들은 그렇게 쉽게 이해할 수 있는 것이 아니다. 실험으로 확인된 그 사실은 상식에 너무나 어긋나기 때문에 아직도 그 결과를 믿지 못하는 사람들이 많다! 그러나 반복된 실험들로부터, 여러분이 얼마나 빨리 운동하든 그 운동에 관계없이 빛은 초속 186,000마일로 가고 있음이 명확하게 밝혀졌다. 이제 문제는 어떻게 그럴 수 있는가이다. 운동하고 있는 사람과 가만히 멈춰 있는 사람이 속력을 같게 측정할 수 있는 유일하게 가능한 방법은, 그들의 시간감각과 공간감각이 같지 않아서, 우주선 안의 시계는 지상에 있는 것과 다르게 가야 한다는 것 등의 사실을 아인슈타인은 (푸앵카레• 또한) 깨달았다. 여러분은 '아, 우주선에서 자기 시계를 본다면, 그것이 천천히 가고 있음을 알 수 있다.' 고 생각할지도 모른다. 아니다. 여러분의 뇌도 역시 천천히 가고

• Jules Henri Poincaré, 1854~1912, 프랑스의 수학자, 물리학자, 천문학자, 과학사상가.

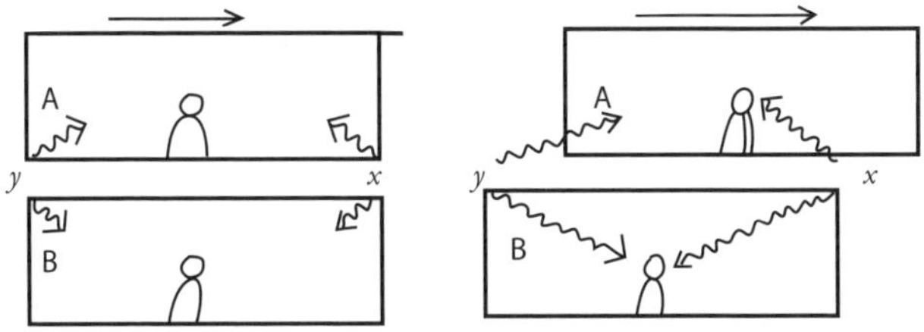

[그림 22] 3장의 [그림 13]과 같은 상황.

있다! 우주선 안에서는 모든 것이 느려진다는 것을 확실한 토대로 함으로써, 빛이 우주선에서는 우주선 1초에 우주선 186,000마일을 가는 것처럼 보이고, 반면에 여기에서는 여기 시간 1초에 여기 공간 186,000마일을 가는 것처럼 보이게 되는 이론 체계를 고안하는 것이 가능했다. 그 이론 체계는 실험 가능하기에는 매우 독창적이었으나, 놀랍게도 가능한 것으로 밝혀졌다.

상대성 원리의 결과 가운데 하나, 즉 여러분이 얼마나 빨리 직선 운동하고 있는가를 말할 수 없다는 것은 이미 언급하였다. 지난 강의에서 살펴본 두 우주선 A와 B가 있는 상황([그림 22])을 여러분도 기억할 것이다. B의 양 끝에서 두 사건이 일어났다. 한 사람이 우주선 한가운데 서 있고, 사건들(x와 y)은 어느 한순간에 그의 우주선 양 끝에서 발생했다. 그는 각 사건이 같은 시간에 일어났다고 주장한다. 왜냐하면 그는 우주선 한가운데 서 있었기 때문에 이 두 사건으로부터 빛이 같은 시간에 오는 것을 보았기 때문이다. 그러나 B에 대하여 상대적으로 일정한 속도로 운동하고 있는 A에 있는 사람은 발생된 두 사건을 같은 시간에 일어난 것으로 보지 않았다. 그는 x에서 발생한 사건을 먼저 보았다. 그가 앞으로 운동하고 있기 때문에 x에서 온 빛이 y에서 온 것보다 먼저 도달한 것이다. 여러분도 이해하겠지만, 등속직선 운동에서의 대칭성—여기서 대칭성이란 말은 여러분이 누구의 관점이 옳다고 이야기할 수 없다는 것을 의미한다—원리의 결과 가운데 하나는, 무언가가 '지금' 일어난다고 말할 때, 그 말이 무의미하다는 것이다. 당신이 직선에서 일정한 속도로 운동하고 있다면, 비록 내가 사건이 동시에 발생한다고 생각하는 그 순간에 우리가 서로를 스쳐간다 하더라도, 이때 여러분에게 동시에 발생된 것으로 보이는 것들이 나에게도 동시에 일어난 것으로 보이지는 않는다. 우리는 먼 거리를 사이에 두고 '지금'이 뜻하는 것에 동의할 수 없다. 이는 직선에서의 일정한 속도는 감지될 수 없다는 원리를 유지하기 위하여, 공간과 시간에 대한 우리의 생각을 근본적으로 바꾸는 것을 의미한다. 여기에서의 핵심은 다음과 같다. 만일 두 사람이 같은 장소에 있지 않고 서로 멀리 떨어져 있다면, 한 사람의 관점에서는 동시적인 두 사건이 다른 사람의 관점에서는 동시적이지 않게 보인다는 것이다.

여러분은 이것이 공간에서 (x, y) 좌표계와 (x', y') 좌표계 사이의 변환과 상당히 비슷함을 알 수 있다. 내가 청중들을 향해 서면, 내가 서 있는 무대의 두 벽면은 나와 나란히 있다. 그중 한 면은 나의 왼쪽, 다른 한 면은 오른쪽에 있어 같은 x와 다른 y를 갖는다. 그러나 내가 90도 돌아 똑같은 한 쌍의 벽을 보면, 다른 관점에서 보기 때문에 하나는 내 앞에 있고 다른 하나는 뒤에 있게 되어 그들은 다른 x'을 갖는다. 마찬가지로 한 관점에서 같은 시간(같은 t)에 있는 것으로 보이는 두 사건이 다른 관점에서는 다른 시간(다른 t')에 있는 것으로 보일 수 있다는 것이다. 내가 말한 2차원 회전을 공간과 시간으로 일반화시킬 수 있고, 이를 통해 공간에 시간을 더하여 4차원 세계를 만들었다. 이것은 대다수의 대중적인 책들 속에 있는 설명처럼 인위적인 추가가 아니다. 책에서는 "우리는 시간을 공간에 더한다. 왜냐하면 여러분은 위치뿐만 아니라 시간도 말해야만 하기 때문이다."라고 말한다. 이 말은 참이지만 단지 시간과 공간을 함께 놓은 것에 불과하다. 실제 4차원 공간-시간은 그렇게 만들어지지 않는다. 어떤 의미에서 실제 공간은 그 존재 자체가 특별한 관점에 무관한 특성을 가지고 있다. 그래서 관점을 달리하면 '앞-뒤'가 어느 정도 '좌-우'와 겹쳐질 수 있다. 비슷한 방법으로 시간적인 '과거-미래'가 어느 정도 공간과 겹쳐질 수 있다. 공간과 시간은 완전하게 얽혀야만 한다. 이 사실을 발견한 이후, 민코프스키•는 "공간 그 자체와 시간 그 자체는 단순한 그림자로 사라지고, 그들의 결합만이 살아남게 될 것이다."라고 말했다.

• Hermann Minkowski, 1864~1909, 러시아 출신의 독일 수학자. 물리법칙의 로렌츠군(群)에 대한 불변성을 해명하여 아인슈타인의 상대성 이론의 형성에 공헌하였는데, 특수상대성 이론의 4차원적 시공의 기하학인 '민코프스키의 시공세계(時空世界)'라는 개념으로 유명하다.

이 특별한 예를 이와 같이 상세히 설명한 까닭은 이것이 실제로 물리법칙의 대칭성 연구의 시작이 되었기 때문이다. 방정식을 그대로 유지시키면서도 방정식에 가할 수 있는 조작들을 분석할 것을 제안한 것은 푸앵카레였다. 푸앵카레는 그런 방식으로 물리법칙의 대칭성에 접근했다. 공간적 이동, 시간적 지연 등의 대칭성은 그다지 심오하지 않지만, 등속직선 운동 대칭성은 매우 흥미롭고 수많은 종류의 결과들을 가진다. 게다가 그 결과들은 우리가 알지 못하는 법칙들로 확장될 수 있다. 예를 들어 이 원리가 뮤중간자의 붕괴에 대하여 참이라고 추측함으로써 뮤중간자를 이용해도 우리가 탄 우주선의 속도를 알아낼 수 없다는 결론을 내릴 수 있다. 그러므로 우리는 뮤중간자가 애당초 왜 붕괴하는가는 알지 못한다 해도, 적어도 뮤중간자의 붕괴에 대해 무언가 알고 있다.

다른 많은 대칭성들이 있는데, 그 가운데 몇몇은 매우 다른 종류들이다. 나는 다만 두세 가지만을 언급하겠다. 하나는 한 원자를 같은 종류의 다른 원자로 바꾼다 해도 현상에 아무런 차이가 없다는 것이다. 당신은 “같은 종류가 무슨 뜻인가요?”라고 묻게 될 것이다. 내가 할 수 있는 대답은, 다른 것으로 바꾸었을 때 아무 차이도 없다는 것뿐이다! 물리학자들은 항상 일종의 헛소리를 하는 듯하다. 그렇지 않은가? 많은 다른 종류의 원자들이 있는데, 한 원자를 다른 종류의 원자로 바꾼다면 차이가 생기게 되지만, 한 원자를 같은 종류의 원자로 바꾼다면 아무 차이도 생기지 않는다. 이것은 순환적인 정의 같다. 그러나 그 말의 실제 의미는 같은 종류의 원자들이 있다는 것이다. 즉 원자들의 집단인 군群을 찾는 것이 가능하고, 그래서 한 원자를 같은 종류의 다른 것으로 바꿀 수 있고 이때 아무 차이도 생기지 않는다는 것이다. 아주 작은 물질 조각 속에 들어 있는 원자만 해도 1 뒤에 영이 23개 이상 붙어 있는 수만큼 많으므로, 그들이 같다는 것, 즉 그들이 모두 다르지는 않다는 것은 매우 중요하다. 그들을 유한한 수백 개의 상이한 유형으로 분류할 수 있다는 것은 정말로 흥미롭다. 그래서 한 원자를 같은 종류의 다른 것으로 바꿀 수 있다고 말하는 것은 충분히 많은 의미를 포함하고 있다. 이것이 양자역학의 주요 내용이긴 하지만, 여기서 오직 부분적으로만 설명한다는 것은 불가능하다. 왜냐하면 이 강의는 수학적으로 훈련받지 않은 청중들에게 하는 것이기 때문이다. 어쨌든 이 문제는 매우 미묘하다. 한 원자를 같은 종류의 다른 것으로 바꿀 수 있다는 제안은 양자역학에서 신비로운 결과들을 갖는다. 그 생각은 액체 헬륨이 기묘한 현상을 만들게 한다. 액체가 아무런 저항도 없이 파이프를 통하여 영원히 흐르는 현상이 생겨난다. 사실 그 제안은 원소 주기율표 전체의 기원이고, 내가 바닥 속으로 빠지지 않게 해주는 힘의 근원이다. 이 모든 것을 상세히 논할 수는 없지만, 이 원리들을 살펴보는 것이 중요함을 강조하고 싶다.

이제 당신은 아마도 모든 물리법칙들이 어떤 종류의 변화 아래에서도 대칭적이라고 믿게 되었을 것이다. 그래서 나는 그렇지 않은 몇 가지를 보여주겠다. 첫 번째는 척도의 변화이다. 한 장치를 만들고 또 다른 하나를 만들되 모든 부분을 같은 재료로 정확히 같게 하면서 두 배로 크게 만든다면, 그 두 장치가 정확하게 똑같은 방식으로 작동할 것이라는 것은 참이 아니다. 원자들에 대하여 잘 알고 있는 사람은 이 사실을 알고 있다. 왜냐하면 예를 들어 원래 장치의 1백억 분의 1로 장치를 만든다면 그 안에 단지 다섯 개의 원자만이 있게 될 텐데, 오직 다섯 개의 원자만으로는 기계를 만들 수는 없기 때문이다. 우리가 그 정도로 심하게 척도를 바꿀 수 없다는 것은 명백하지만, 물질이 원자로 되어 있다는 것이 완전히 알려지기 이전에도, 척도 변환 대칭성이 옳지 않다는 것은 잘 알려져 있었다. 당신은 아마도 때때로 신문에서 누군가가 실제 고딕 대성당보다 더 우아하고 웅장한 성당을 성냥개비로 만들었다는 기사를 본 적이 있을 것이다. 그런 대성당을 거대한 통나무로는 왜 그렇게 세밀하게 만들 수 없는 것일까? 그렇게 짓는다면 너무 높고 무거워 붕괴하게 될 것이기 때문이다. 당신은 이렇게 생각할지도 모른다. '아하! 두 건물을 비교할 때 계에 속하는 모든 것을 바꿔야만 한다는 것을 잊었다. 성냥개비로 만든 작은 대성당은 지구의 중력을 받는다. 그러므로 올바른 비교를 위해서는 큰 대성당이 훨씬 커다란 지구의 중력을 받도록 해야 한다.' 더 나쁜 결론이다. 더 큰 지구는 큰 대성당을 더 세게 끌어당길 것이고, 따라서 큰 대성당은 더욱 확실하게 무너질 것이다.

물리법칙들은 척도가 바뀌면 변한다는 이 사실은 갈릴레오가 처음 발견하였다. 막대와 뼈의 세기를 논하면서 그는 이렇게 주장했다.

"만일 동물의 크기가 더 크다면—이를테면 높이와 폭과 두께가 두 배라면—무게가 여덟 배가 될 것이므로, 여덟 배로 무거워진 것을 지탱할 수 있는 뼈가 필요하다."

그러나 뼈가 지탱할 수 있는 무게는 뼈의 단면적에 달려 있고, 뼈를 두 배로 크게 한다 하더라도 뼈의 단면은 단지 네 배로밖에 되지 않아 네 배의 무게만을 지탱할 수 있을 뿐이다. 그의 책『새로운 두 과학에 대한 대화*Dialogue on Two New Sciences*』에는 상상적인 거대한 개의 뼈들에 관한 그림이 있다. 그 뼈들은 비례가 잘 맞지 않는다. 갈릴레오는 척도를 바꿀 경우 자연법칙들이 변한다는 사실의 발견이 그의 운동법칙만큼 중요하다고 여겼던 것 같다. 왜냐하면 그들 둘이 '새로운 두 과학'에 대한 방대한 책 속에 함께 들어 있기 때문이다.

대칭적 법칙이 아닌 다른 예로, 우주선에서 일정한 각속력으로 회전하고 있을 때, 여러분이 회전하고 있는지 아닌지를 말할 수 있다는 사실을 들 수 있다. 여러분은 회전하는지 여부를 말할 수 있다. 여러분은 어지럽다고 말할 수 있다. 다른 효과들도 있다. 원심력 때문에 물체들이 벽으로 쏠리게 된다(물론 달리 표현할 수도 있다. 청중들 중에 혹시 고등학교 물리 선생님들이 있으면 이의를 제기하지 않기를 바란다). 진자 또는 자이로스코프를 이용해서 지구가 회전하고 있다는 것을 확인하는 것이 가능하다.

아마 여러분도 많은 천문대와 박물관에서 이른바 푸코•의 진자를 보았을 것이다. 그 진자를 이용하면 별을 바라보지 않고도 지구가 돌고 있다는 것을 증명할 수 있다. 밖을 보지 않고도 우리가 지구에서 일정한 각속도로 돌고 있다는 것을 말하는 것은 가능하다. 왜냐하면 물리법칙들은 이런 운동 아래에서는 바뀌기 때문이다.

많은 사람들은 실제로 지구가 은하계들에 대하여 돌고 있다고 주장했고, 은하계들이 우리와 함께 돈다 할지라도 아무 차이도 생기지 않는다고 주장했다. 우주 전체가 돌고 있다면 어떤 일이 일어날지 나는 모른다. 실제로 그렇게 돌고 있는지 여부에 관해 우리는 현재 아무 말도 할 수 없다. 또한 현재로서는 은하계가 여기에 있는 물체에 미치는 영향을 기술하는 어떤 이론도 없다. 그래서 물 양동이를 돌리면 회전 효과로 물 표면이 오목해진다는 사실, 즉 회전 관성이 주위 사물들에서 나온 힘의 효과라는 것을 직접적으로 밝혀주는 이론은 없다. 이것이 참인지 아닌지는 알려지지 않았다. 이것이 참이어야 한다는 것은 '마흐••의 원리'라 불리는데, 아직 증명되지는 않았다. 실험에서 입증해야 할 더 직접적인 문제는, 만일 우리가 성운들에 대하여 일정한 속도로 돌고

• Jean Bernard Léon Foucault, 1819~1868, 프랑스의 물리학자. 회전 거울을 이용하여 빛의 속도를 측정하였으며, 빛이 공기 속에서보다는 물 속에서 더 느리게 전파된다는 것을 증명했다. 1851년에는 천장에 매단 진자를 이용하여 지구가 자전한다는 것을 증명했다.

•• Ernst Mach, 1838~1916, 오스트리아의 물리학자이자 철학자. 뉴턴이 절대운동을 가정한 것을 비판하여 상대운동만이 존재한다고 주장했다. 마흐의 원리에 따르면, 만유인력의 법칙은 우주 전체의 물질의 양과 분포에 의존한다. 이 원리는 아인슈타인의 상대성 이론 확립에 중요한 역할을 했다.

있다면, 그 회전의 효과를 알 수 있을지 여부이다. 이 문제의 정답은 알 수 있다는 것이다. 우리가 성운들에 대하여 직선으로 일정한 속도로 운동하고 있다면, 운동 효과를 알게 될까? 정답은 '어떤 효과도 없다.'이다. 이들은 서로 다른 상황이다. 모든 운동이 상대적이라고 말할 수 없다. 상대성 이론은 모든 운동이 상대적이라고 말하지 않는다. 상대성 이론은 성운들에 대한 등속직선운동은 감지되지 않는다고 말한다.

다음으로 논의하고 싶은 대칭성 법칙은 그 자체로 흥미롭고 또한 재미있는 역사를 갖고 있다. 그것은 바로 공간에서 되비침의 문제이다. 이를테면 시계와 같은 장치를 만든다고 하자. 또한 조금 떨어진 곳에 처음 것의 거울에 비친 모습과 같은 시계를 하나 더 만든다고 하자. 그들은 오른쪽과 왼쪽 장갑 한 켤레처럼 서로 짝을 이룬다. 한 시계에서 오른 방향으로 감긴 용수철은 다른 것에서는 그 반대로 감겨 있다. 두 시계를 감아서 그들을 대응하는 자리에 놓아 시계가 가도록 하자. 이제 질문은 이것이다. 그들이 항상 서로 일치할 것인가? 한 시계에서 일어나는 모든 기계 작동이 다른 것에서도 일어날 것인가? 나는 여러분의 추측이 어떨지 모른다. 대부분의 사람들이 그랬듯이 여러분도 아마 두 시계가 항상 일치할 것이라고 추측할 것이다. 우리는 지금 물론 지형에 대하여 이야기하고 있는 것은 아니다. 지형으로 오른쪽과 왼쪽을 구별할 수 있다. 플로리다에 있으면서 뉴욕을 본다면 대서양은 오른쪽에 있다고 말할 수 있다. 그렇게 오른쪽과 왼쪽을 구별할 수 있다. 시계 하나가 바닷물에 빠졌다면 당연히 올바로 작동하지 못할 것이다. 하지만 이 경우에 우리는 지구의 지형 역시 뒤집혔다고 상상해야 한다. 시계가 바다에 빠지는 일은 있을 수 없다. 관련된 모든 것을 뒤집어야 한다. 우리가 역사에 대해 얘기하고 있는 것도 아니다. 기계조립공장에서 나사를 골라보면 대부분 오른쪽으로 돌리도록 되어 있다. 그래서 당신은 거울상의 시계가 원래 시계와 같을 수 없다고 주장할지도 모른다. 왜냐하면 나사들을 구하기가 무척 힘들기 때문이다. 그러나 이것은 단지 어떤 종류의 물건을 만들 것인가에 달린 문제일 뿐이다. 결국 우리가 쉽게 하는 첫 번째 추측은 두 시계 사이에 아무 차이도 없다는 것이다. 시계가 중력에 의해 작동한다면, 이미 밝혀진 대로 중력법칙은 아무런 차이도 생기게 하지 않는다. 시계가 전기 및 자기력, 전류와 전선 등에 의해 작동한다면, 전기학 및 자기학의 법칙들은 대응하는 시계가 여전히 동일하게 작동하도록 한다. 시계의 작동에 일반적인 핵반응이 관여한다면, 이 또한 어떤 차이도 생기게 하지 않을 것이다. 그러나 차이를 생기게 할 수 있는 것이 있다. 잠시 후에 그것에 관해 논의할 것이다.

여러분은 편광된 빛을 통과시켜 물에 있는 설탕의 농도를 측정할 수 있다는 것을 알지도 모른다. 특정한 축으로 빛을 통과시키는 두 편광판을 물 속에 넣고 빛을 관찰해보자. 첫 번째 편광판을 통과한 빛이 설탕물 속으로 더 깊이 들어갈수록 물 속의 다른 쪽 끝에 있는 두 번째 편광판을 더욱더 오른쪽으로 돌려야만 빛이 통과할 수 있다는 것을 알게 된다. 빛이 다른 방향에서 용액을 통과하도록 한다 해도, 빛은 여전히 오른쪽으로 편광된 방향을 바꾼다. 그러므로 이 경우에는 오른쪽과 왼쪽 사이에 차이가 있다. 우리는 설탕물과 빛을 시계에 이용할 수 있다. 설탕물이 든 통 속으로 편광된 빛을 통과시키고, 두 번째 편광판을 적당히 돌려 빛이 통과해나가도록 만들자. 이어서 두 번째 시계에도 같은 장치를 설치하면서, 이번에는 빛이 왼쪽으로 회전할 것이라고 기대할 수 있을 것이다. 그러나 빛은 왼쪽으로 회전하지 않을 것이다. 빛은 여전히 오른쪽으로 돌 것이고 두 번째 편광판을 통과하지 못할 것이다. 설탕물을 이용해서 시계를 만들면 두 시계가 달라지게 만들 수 있다!

이것은 매우 놀라운 사실이다. 언뜻 보기에 이 사실은, 물리법칙들이 되비침에 대하여 대칭적이 아님을 증명하는 것처럼 보인다. 그런데 우리가 이용한 설탕은 아마도 사탕무에서 왔을 것이다. 그러나 설탕은 매우 단순한 분자이고, 실험실에서 이산화탄소와 물로 여러 단계의 과정을 거쳐 만들 수 있다. 화학적으로 모든 면에서 같은 것으로 보이는 인조 설탕으로 실험해보면, 인조 설탕은 빛을 회전시키지 못한다. 박테리아는 설탕을 먹는다. 인조 설탕물에 박테리아를 넣으면 그들은 설탕의 반만을 먹는다는 것이 밝혀졌다. 박테리아가 먹고 남은 설탕물에 편광된 빛을 통과시켜보면, 빛은 왼쪽으로 회전한다! 이 사실은 다음과 같이 설명할 수 있다. 설탕은 원자들이 복잡하게 배열된 분자이다. 원자들을 왼쪽과 오른쪽만 다르게 하면서 정확하게 똑같이 배열하여 두 종류의 설탕 분자를 만든다면, 두 분자의 에너지는 정확하게 같으며, 생명과 관련이 없는 모든 화학적 현상에서 두 분자는 동일하게 작동한다. 그러나 살아 있는 생명체는 두 분자의 차이를 식별한다. 박테리아는 한 종류는 먹고 다른 것은 먹지 않는다. 사탕무에서 나오는 설탕은 오른쪽 설탕 한 종류뿐이다. 그 설탕은 빛을 한 방향으로 돌게 한다. 박테리아는 이 종류의 분자들만을 먹을 수 있다. 설탕을 비대칭이 아닌 물질들로부터, 즉 단순한 기체들로부터 제조하면, 두 종류의 설탕이 같은 양만큼 만들어진다. 여기에 박테리아를 넣는다면, 그들은 먹을 수 있는 종류만 먹어버리고 다른 종류는 남게 된다. 바로 이런 이유 때문에 빛이 왼쪽으로 회전하게 되는 것이다. 파스퇴르•가 발견했듯이, 결정을 확대경으로 관찰하여 두 종류의 분자를 구분할 수 있다. 우리는 이 모든 것이 이치에 맞음을 명확히 보일 수 있고, 원한다면 박테리아를 이용하지 않고 우리 스스로가 설탕을 분리할 수도 있다. 그러나 재미있는 일은 박테리아가 두 종류의 분자를 구별할 수 있다는 것이다. 이것은 생명 과정이 무언가 다른 법칙들을 따른다는 것을 의미하는가? 그렇게 보이지는 않는다. 생명체 속에는 수많은 복잡한 분자들이 있고, 그들 모두가 이를테면 특정한 종류의 홈을 가진 듯하다. 생명체가 지닌 가장 대표적인 분자들

• Louis Pasteur, 1822~1895, 프랑스의 화학자이자 미생물학자.

가운데 하나는 단백질이다. 단백질은 나사 모양을 가지며, 그 나사는 오른나사이다. 화학적으로는 오른나사뿐 아니라 왼나사 모양으로도 단백질을 만들 수 있지만, 왼나사 단백질은 생물학적으로 기능하지 않을 것이다. 왜냐하면 그들이 다른 단백질과 조합될 수 없기 때문이다. 왼쪽으로 도는 홈은 왼쪽으로 도는 홈과 맞겠지만, 왼쪽과 오른쪽은 서로 맞지 않는다. 그들 내부에 화학적으로 오른쪽으로 도는 홈을 가진 화학물질들을 가진 박테리아는 오른쪽과 왼쪽 설탕을 구별할 수 있다.

그들은 어떻게 이 방법을 갖게 되었을까? 물리학과 화학은 왼쪽 분자와 오른쪽 분자를 구별할 수 없고, 두 종류를 모두 만들어낸다. 그러나 생물학은 두 분자를 구분할 수 있다. 다음과 같은 쉬운 설명을 생각해볼 수 있다. 생명 과정이 처음 시작됐을 때, 어떤 분자가 우연히 만들어져서 자신을 복제하면서 퍼져나갔고, 이후 오랜 세월이 흐른 오늘날까지 그 우연적인 모양과 성질을 그대로 유지했다. 우리는 그 최초 분자들의 후예일 뿐이다. 그들이 오른쪽 분자 모양을 이룬 것은 순전히 우연이었다. 그들은 왼쪽 분자나 오른쪽 분자 중 하나여야 했고, 한 모양을 선택해 자신을 복제했고, 계속해서 퍼져나간 것이다. 이것은 나사 생산 과정과 비슷하다. 우리는 오른나사를 이용해서 오른나사를 만든다. 이와 같이 살아 있는 것에 있는 모든 분자들이 정확하게 같은 종류의 홈을 갖는다는 사실은 생명의 조상이 단일하다는 것을 완전히 분자적인 수준까지 내려가서 보여주는 가장 심층적인 증거 가운데 하나일 것이다.

물리법칙들이 오른쪽과 왼쪽에 대하여 같은지 여부를 더 훌륭하게 검증하기 위하여 다음과 같은 질문을 던져보자. 우리가 화성인과 혹은 아르크투루스(목자자리에서 가장 밝은 별—옮긴이) 항성의 외계인과 전화통화를 한다고 하자. 우리는 상대방에게 지구에 있는 것들을 설명하고자 한다. 일단 우리의 말을 그가 어떻게 이해할 수 있을까? 코넬 대학의 필립 모리슨• 교수는 이 문제를 깊이 연구했다. 그가 생각해낸 한 방법은 '틱, 하나, 틱, 틱, 둘, 틱, 틱, 틱, 셋' 등을 말해주는 것으로 시작하는 것이다. 머지않아 화성인은 수를 이해하게 될 것이다. 그 화성인이 일단 수 체계를 이해했다면, 다양한 원자들의 무게 비율을 나타내는 수들을 차례대로 전해줄 수 있을 것이다. 즉 '수소, 1.008', 그리고 중수소, 헬륨 등의 순서로 말이다. 화성인은 이 수들을 놓고 한동안 궁리하다가 그 수들의 수학적 비율이 원소들의 무게 비율과 같다는 것을 깨닫고, 따라서 그 이름들이 원소들의 이름이라는 것을 알게 될 것이다. 우리는 이런 식으로 점차 공유하는 언어를 만들어갈 수 있을 것이다. 그런데 이제 문제가 발생한다. 친숙하게 된 후 외계인은 이렇게 말한다. "어이, 멋진 친구. 나는 자네가 어떻게 생겼는지 알고 싶어." 당신은 "우리는 키가 6피트 정도야."라고 답하고, 그는 "6피트? 1피트가 얼마나 길지?"라고 묻는다. 이 물음

• Philip Morrison, 1915~2005, 미국의 물리학 교수. 1964년 BBC-1 텔레비전에서 〈원자의 구조〉라는 방송 강연을 하였다.

에 답하기는 매우 쉽다. "6피트는 수소 원자 170억 개의 높이야." 라고 말하면 된다. 이것은 농담이 아니다. 이것은 표본을 보낼 수도 없고, 한 물체를 함께 볼 수도 없는 상황에서 6피트를 설명하는 한 가지 방법일 수 있다. 화성인에게 우리가 얼마나 큰가를 설명하는 것은 가능하다. 이것은 물리법칙들이 척도 변화 아래에서 달라지기 때문이다. 그래서 우리는 물리법칙을 이용해서 척도를 고정시킬 수 있다. 우리는 계속해서 우리 자신을 설명한다. 키는 6피트이고, 외모는 대략 좌우대칭적이고 이러저러한 모양이며, 밖으로 튀어나온 부분들이 있고 등등. 그러자 외계인은 "참 재미있군. 그런데 당신의 내부는 어떻게 생겼나?"라고 묻는다. 그래서 우리는 심장 등의 장기를 설명하고, "심장은 왼쪽에 있어."라고 말한다. 그런데 문제는 그에게 어느 쪽이 왼쪽인가를 어떻게 설명할 것인가이다. 당신은 이런 설명을 시도할 것이다. "맞아! 사탕무 설탕을 물에 녹여. 그러면 편광된 빛을……" 그러나 문제는 그곳에 사탕무가 전혀 없다는 것이다. 또한 화성에서도 진화의 우연이 일어나 이곳의 단백질에 상응하는 단백질이 만들어졌다 할지라도, 화성의 단백질은 반대쪽으로 돌아가는 홈을 가진 최초의 단백질로부터 시작되었을지도 모른다. 당신은 오랫동안 고민하겠지만 결국 왼쪽을 설명할 길이 없음을 알게 될 것이다.

그러나 약 5년 전, 몇몇 실험들에서 많은 수수께끼가 나왔다. 자세히는 논하지 않겠지만, 상황이 더욱더 어려워졌음에도 불구하고 마침내 리청따오와 양첸닝•이, 자연은 오른쪽과 왼쪽에 대하여 동등하다는 좌우대칭성 원리가 옳지 않을지도 모른다고 제안하였다. 만일 그렇다면 많은 신비를 설명할 수 있다고 그들은 주장했다. 리청따오와 양첸닝은 그들의 주장을 입증하는 더 직접적인 실험들을 제안하였다. 나는 행해진 실험들 중 가장 직접적인 것만을 언급하겠다.

예를 들어 전에 이야기했던 전자 하나와 중성미자 하나가 방출되는 방사능 붕괴를 살펴보자. 그때 중성자 하나가 양성자 하나, 전자 하나, 그리고 반중성미자 하나로 붕괴되었다. 핵 전하가 하나 늘어나고 전자 하나가 방출되는 방사능 붕괴 과정은 많이 있다. 흥미로운 사실은, 방출되는 전자의 회전을 측정해보면—전자들은 방출되면서 회전한다—전자들이 왼쪽으로 회전한다는 것이다(뒤에서 볼 때 왼쪽으로, 즉 전자가 남쪽으로 날아가고 있다면, 지구와 같은 방향으로 회전한다). 전자가 붕괴되어 나올 때 항상 한 방향으로 돌고 있다는 사실, 즉 왼쪽 홈을 갖는다는 사실은 매우 중요하다. 베타 붕괴에서 전자를 발사하는 총은 마치 강선腔線(탄알이 돌면서 나아가 목표물에 정확하고 깊이 박히게 하기 위해 총포의 내부에 나사 모양으로 판 홈—옮긴이)이 새겨진 총과 같다고 할 수 있다. 총에 강선을 새기는 데는 두 방법이 있다. 강선을 새기는 방식에 따라서 총알이 밖으로 나갈 때 왼쪽으로 또는 오른쪽으로 돌게 된다. 실험은 전자가 왼쪽으로 강선을 새긴 총에서 발사된다는 것을 보

• Lee Tsung-Dao, Yang Chen Ning, 중국의 물리학자들로 1957년 노벨 물리학상을 공동 수상하였다.

여주었다. 그러므로 이 사실을 이용하여 화성인에게 다음과 같이 얘기할 수 있을 것이다.

“잘 들어. 방사능 물질인 중성자를 택하여, 베타 붕괴 때 나오는 전자를 관찰해봐. 전자가 위로 방출된다면, 그것을 뒤에서 보았을 때 돌아가는 방향이 **왼쪽**이야. 이것이 왼쪽의 정의이고, 심장은 그쪽에 있어.”

이제 왼쪽과 오른쪽을 구별하는 것이 가능하다. 그러므로 우주가 왼쪽과 오른쪽에 대하여 대칭이라는 법칙은 무너졌다.

다음으로 내가 이야기하고자 하는 것은 대칭성 법칙과 보존법칙의 관계이다. 지난 강의에서 우리는 보존원리들에 대해서, 즉 에너지, 운동량, 각운동량 보존법칙 등에 대해서 이야기하였다. 대단히 흥미롭게도, 보존법칙들과 대칭성 법칙들 사이에는 심층적인 관련성이 있는 것처럼 보인다. 그 관련성은, 오늘날 우리가 아는 한에서는, 양자역학의 지식에 의해서만 적절히 해석할 수 있다. 그럼에도 불구하고 그 관련성의 예를 하나 제시하겠다.

만일 물리법칙들이 최소원리로 기술될 수 있다고 가정한다면, 한 법칙이 모든 장비를 옮겨놓아도 성립한다면, 즉 공간적으로 이동 가능하다면, 운동량 보존법칙이 성립해야 한다는 것을 증명할 수 있다. 대칭성 원리와 보존법칙 사이에는 심층적인 연관성이 있지만, 그 연관성은 최소원리가 가정되어야 성립한다. 두 번째 강의에서 우리는, 한 알갱이가 주어진 시간 동안 한 곳에서 다른 곳으로 이동할 때 여러 경로들을 시도한다고 생각하면서 물리법칙들을 묘사하는 방법을 제시했었다. 어쩌면 오해의 소지가 있음에도 불구하고 '작용action'이라 불리는 어떤 양이 있다. 여러 경로에 대해서 작용을 계산해보면, 실제로 선택된 경로의 작용 값이 가장 작다는 것을 알 수 있다. 자연법칙을 이런 방식으로 기술하는 것은, 모든 가능한 경로들 중에서 현실화된 경로의 특정 수학적 식들의 작용이 최소라고 말하는 것이다. 어떤 것이 최소라고 말하는 또 다른 방법은, 실제 경로에서 약간 벗어났을 때 처음에는 아무런 차이도 없다고 말하는 것이다. 당신이 산 속을 걷는다고 해보자—그런데 우리가 논하는 수학적 대상들은 부드러운 굴곡을 가지므로, 가정된 산은 부드러운 굴곡이 있는 산이어야 한다. 당신은 가장 낮은 지점에 도달한다. 그렇다면 나는, 당신이 앞으로 조금 더 나아가도 당신의 고도가 변하지 않을 것이라고 말할 수 있다. 가장 낮은 곳이나 높은 곳에 있다면, 한 발자국 움직인다 해도 일차 근사에서는 고도가 변하지 않는다. 반면에 기울어진 곳에 있다면, 한 걸음을 움직일 때 경사를 따라 내려가거나 반대 방향으로 움직이면 올라가게 된다. 이것이 가장 낮은 곳에 있을 때 한 걸음 옮긴다 해도 큰 차이가 없는 이유이다. 만일 차이가 생긴다면, 당신은 적당히 방향을 택해서 더 내려갈 수 있을 것이다. 그러나 당신은 가장 낮은 곳에 있고, 따라서 더 아래로 내려갈 수 없다. 일차 근사에서는 당신의 한 걸음은 아무 차이도 만들지 않는다. 그러므로 경로를 조금 이동시킨다 해도 일차 근사에서는 작용에 아무런 변화가 없다는 것을 알게 된다. [그림

23]에서 A로부터 B까지 가는 경로를 그렸다. 이제 다음과 같은 다른 가능한 경로를 생각해보자. 먼저 가까이에 있는 다른 곳 C로 뛰어넘어 가자. 그리고 원래 경로와 동일한 형태로 이어져 B로부터 같은 거리만큼 떨어진 D까지 가는 경로를 그리자. 이때 자연법칙들의 성질에 따르면, 만일 경로 AB가 실제 운동이 일어나는 경로라면, 경로 ACDB를 거치는 작용의 총량은 일차 근사에서 원래 경로 AB의 작용과 같다. 이것이 최소원리다. 또 다른 얘기를 해보자.

[그림 23] 경로에서의 최소작용의 원리.

만일 당신이 모든 것을 이동시켜도 세계가 원래와 동일하다면, A에서 B까지의 원래 경로상에서의 작용은 C에서 D까지의 작용과 같다. 왜냐하면 이 두 경로의 차이는 단지 모든 것이 이동된 것밖에 없기 때문이다. 그러므로 만일 공간적인 이동대칭성 원리가 옳다면, A와 B 사이의 직접 경로에서의 작용은 C와 D 사이의 직접 경로에서의 작용과 같다. 그러나 실제 운동에서 우회 경로 ACDB에서의 총 작용은 직접 경로 AB에서와 거의 같고, 따라서 C에서 D까지의 부분 경로에서의 작용과도 같다. 이 우회 경로의 작용은 세 부분의 합이다. 즉 A에서 C로, C에서 D로, D에서 B로 가는 작용을 더한 것이다. 그러므로 동일한 것이 상쇄되어야 한다. A부터 C까지의 기여와 D부터 B까지의 기여가 서로 합해져서 0이 되어야만 함을 알 수 있을 것이다. 그런데 두 구간에서 운동 방향이 서로 반대이다. A에서 C까지의 기여는 B에서 D까지의 기여와 같다. 그러나 D에서 B까지의 기여는 반대 방향이기 때문에 B에서 D까지의 기여와 반대부호가 된다. 그러므로 A에서 C까지의 양과 동등한 B에서 D까지의 양이 반대부호로 있음을 알게 된다. 오른쪽으로 조금 옮긴 작용에 대한 효과인 이 양은 끝에서(B에서 D까지)나 시작(A에서 C까지)에서나 같다. 그러므로 최소원리가 옳다면, 시간이 지나도 변하지 않는 양이 있다. 그리고 공간적 이동대칭성은 성립한다. 그 변하지 않는 양(한 방향으로 약간 옮김으로써 작용에 일어난 변화량)이 바로 우리가 지난 강의에서 논했던 운동량이다. 이로써 우리는 법칙들이 최소작용의 원리를 따른다고 가정했을 때, 보존법칙과 대칭성 법칙이 어떻게 관련되는지 살펴보았다. 법칙들은 실제로 최소작용의 원리를 따른다. 왜냐하면 법칙들은 양자역학에서 나오기 때문이다. 이런 이유 때문에 나는 최종적으로 분석했을 때 대칭성 법칙과 보존법칙 사이의 연관성은 양자역학에서 나온다고 말했던 것이다.

시간적 지연과 관련된 논의로부터는 에너지 보존법칙이 나온다. 공간에서 회전이 어떤 차이도 생기게 하지 않는다는 사실로부터는 각운동량 보존법칙이 나온다. 결과에 아무런 영향도 미치지 않으면서 거울 반사(되비침)를 할 수 있다는 사실에 대응하는 단순한 고전적인 법칙은 없다. 사람들은 반전성(패리티parity) 개념을 만들어냈고, 반전성 보존법칙을 갖게 되었다. 그러나 이것들은 단지 복잡한 말들일 뿐이다. 혹시 여러분이 반전성 보존법칙의 위배가 증명되었다는 기사들을 읽었을지도 모르기 때문에, 반전성 보존을 언급하지 않을 수 없다. 만일 기사에 왼쪽과 오른쪽을 구별할 수 없다는 원리가 틀렸음이 증명되었다고 쓰여 있었다면, 훨씬 이해하기 쉬운 글이 되었을 것이다.

대칭성에 관해서 설명하는 기회에 한 가지 언급하고 싶은 것은 몇 가지 새로운 문제들이 발생했다는 점이다. 예를 들어 모든 알갱이에 대하여 반알갱이가 있다. 전자에 대해서는 양전자가, 양성자에 대해서는 반양성자가 있다. 원리적으로는 반물질이라는 것을 만들 수 있다. 반물질은 반알갱이들로 이루어진다. 수소 원자는 양성자 하나와 전자 하나로 되어 있다. 전기적으로 음의 값인 반양성자와 양전자를 택하여 그들을 합한다면, 일종의 수소 원자인 반수소 원자를 만들 수 있을 것이다. 사실 반수소 원자는 아직 만들어진 적이 없지만, 원리적으로는 가능하고, 마찬가지로 모든 종류의 반물질들을 만들 수 있다. 이제 문제는 반물질이 물질과 마찬가지로 작동할 것인가인데, 우리가 알고 있는 한, 그렇다. 대칭성 법칙 가운데 하나에 따르면, 반물질로 어떤 것을 만든다면 그것은 마치 대응하는 물질로 만든 것처럼 동일하게 행동할 것이다. 물론 물질과 반물질을 함께 놓으면 서로 상쇄되고 불꽃이 일어날 것이다.

사람들은 물질과 반물질이 같은 법칙들을 따른다고 믿어왔다. 그러나 이제 좌우대칭성이 성립하지 않음이 밝혀짐으로써 한 가지 중요한 의문이 생겼다. 우리가 반물질 중성자의 붕괴를 조사해보면, 하나의 반중성자가 하나의 반양성자, 하나의 반전자(양전자라고도 부른다) 그리고 하나의 중성미자로 될 텐데, 이때 양전자도 전자처럼 왼쪽으로 회전할 것인가, 아니면 반대 방향으로 회전할 것인가? 몇 달 전까지만 해도 우리는 반물질의 행동은 반대일 것이고, 따라서 물질(전자)이 왼쪽으로 돌면 반물질(양전자)은 오른쪽으로 돈다고 믿었다. 만일 이것이 사실이라면, 우리는 실제로 화성인에게 어느 쪽이 오른쪽이고 왼쪽인지를 이야기할 수 없다. 왜냐하면 화성인이 반물질로 만들어져 있다면, 그의 실험에서 나오는 전자들은 양전자일 것이고, 그것들은 오른쪽 방향으로 회전하며 나올 것이므로, 화성인은 우리의 얘기를 듣고 심장을 오른쪽에 놓을 것이기 때문이다. 당신이 화성인에게 전화를 걸어 사람을 만드는 방법을 설명한다고 상상해보자. 화성인은 설명에 따라 사람을 만들고, 그 사람은 제대로 작동한다. 이제 그에게 모든 사회관습도 설명한다. 마지막으로 화성인이 당신에게 고성능 우주선을 만드는 방법을 얘기해주고, 당신은 그 우주선을 만들어 타고 화성인이 만든 사람을 만나러 간다. 당신은 그 사람에게 다가가 악수하려고 오른손을 내민다. 그가 오른손을 내민다면 안심이다. 그러나 만일 그가 왼손을 내민다면…… 재빨리 피해야 한다. 당신과 그 사람은 서로를 상쇄하게 될 것이다.

대칭성에 관해 몇 가지 더 이야기하고 싶지만, 그 얘기들은 설명하기가 더 복잡하다. 근사적 대칭성이라는 놀라운 현상들도 있다. 예를 들어 우리가 오른쪽과 왼쪽을 구별할 수 있다는 사실과 관련된 놀라운 점은, 우리가 매우 약한 효과인 베타 붕괴에서만 그 구별을 할 수 있다는 점이다. 이는 자연이 99.99퍼센트 오른쪽과 왼쪽을 구별하지 않지만, 자연 속에 단 하나의 예외적인 작은 부분이 있어서, 그 부분에서만 독특하게 한쪽으로 치우치는 전혀 다른 현상이 일어난다는 것이다. 이 사실은 아직까지 그 누구도 이해하지 못한 수수께끼다.

5 과거와 미래의 구별

세계의 현상들은 되돌릴 수 없다는 것을 누구나 분명히 알고 있다. 한 번 일어난 일이 달라질 수는 없다는 얘기다. 당신이 컵을 떨어뜨리면, 컵은 깨진다. 당신은 그 자리에 오랫동안 주저앉아서 깨진 조각들이 합해져 다시 손으로 튀어 올라오기를 기다릴 수도 있을 것이다. 바닷가에서 파도들이 부서진다. 당신은 오랫동안 물끄러미 서서, 부서진 거품들이 다시 모여 파도로 솟아오르고 바다로 멀어져 가는 위대한 순간을 기다릴 수도 있을 것이다. 정말 멋진 장면이 아니겠는가!

강의에서는 흔히 영화 필름을 거꾸로 돌려 그런 장면들을 보여주고 사람들의 웃음을 유발시킨다. 웃음이 터진다는 것은 실제 세계에서 그런 장면이 일어나지 않는다는 것을 의미한다. 그러나 이것은 과거와 미래의 차이만큼이나 명백하고 심오한 차이를 표현하는 불완전한 방법에 불과하다. 왜냐하면 실험해보지 않아도 우리의 내면적인 경험에서 과거와 미래가 전혀 다르기 때문이다. 우리는 과거를 기억하지만 미래를 기억하지는 않는다. 우리는 아마도 일어날지도 모르는 것과 일어났을지도 모르는 것에 대한 각기 다른 의식을 가지고 있다. 과거와 미래는 심리적으로 완전히 달라 보인다. 우리는 기억이나 주관적인 자유의지 개념을 가지고 있다. 우리는 미래에 영향을 미치기 위해 무언가 할 수 있다고 느낀다. 그러나 과거에 영향을 미치기 위해 무언가를 할 수 있다고 믿는 사람은 전혀 혹은 거의 없다. 후회와 자책, 희망 등은 과거와 미래를 완벽하게 구별하는 단어들이다.

그런데 자연의 세계가 원자들로 이루어져 있고, 우리도 또한 원자들로 이루어져 물리법칙을 따른다면, 과거와 미래의 명백한 구별과 모든 현상의 비가역성(되돌릴 수 없음)을 해석하는 가장 간단한 방법은, 어떤 법칙들—원자들의 운동을 지배하는 어떤 법칙들—이 한 방향으로만 진행되지, 양쪽 방향으로 진행되지는 않는다는 것일 것이다. 자연의 운행 중 어딘가에 한 방향으로만 진행하고 반대로는 진행하지 않는 원리가 있어야만 한다. 그래서 세상은 항상 이전 상태에서 이후 상태로 바뀐다. 사물들의 상호작용에서 이런 일방통행이 일어나기 때문에 세계의 모든 현상들이 한 방향으로 진행하는 것으로 보이는 것이다.

그러나 우리는 아직 그런 법칙을 발견하지 못했다. 다시 말해서 현재까지 우리가 알고 있는 모든 물리법칙에서는 과거와 미래의 구분이 없는 것처럼 보인다. 영화를 앞으로 돌리거나 뒤로 돌리거나 물리적으로는 문제가 없다. 물리학자는 거꾸로 돌아가는 영화를 보면서 웃으면 안 된다.

우리가 표준적인 예로 들었던 중력법칙을 살펴보자. 태양과 행성이 있다고 해보자. 우리는 행성을 출발시켜 한 방향으로 태양 둘레를 돌도록 만들고 영화를 찍는다. 이제 그 영화를 거꾸로 돌려보자. 무슨 일이 일어날까? 물론 방향이 반대로 되었지만, 그 행성은 태양 둘레를 여전히 타원으로 돌고 있다. 행성의 속력은 반지름이 일정한 시간 동안 쓸고 지나가는 넓이가 항상 같도록 조절된다. 사실상 행성은 그것이 운동해야 하는 방식에 정확하게 맞게 운동한다. 행성의 운동은 다른 방향으로의 운동과 구분되지 않는다. 이렇게 중력법칙은 운동 방향과 상관이 없는 법칙이다. 만일 당신이 중력만이 작용하는 현상을 촬영하여 필름을 거꾸로 돌린다면, 모든 것이 완벽하게 정상적으로 보일 것이다. 좀더 정확하게 설명해보자. 좀더 복잡한 계에서 모든 알갱이들이 갑자기 각자의 속도를 반대로 바꾼다면, 계는 이제까지 밟아온 과정을 되돌리게 될 것이다. 특정한 작용을 하고 있는 다수의 알갱이들이 있을 때, 만일 당신이 그 알갱이들의 속도를 갑자기 반대로 바꾼다면, 알갱이들은 그때까지 해온 작용을 되돌려 원상태로 돌아갈 것이다.

이것은 중력법칙의 결과이다. 중력법칙에 따르면 속도는 힘에 의해 바뀐다. 만일 시간을 거꾸로 돌린다면, 힘은 바뀌지 않고, 따라서 속도의 변화는 바뀌지 않는다. 그러므로 속도는 그들이 전에 거친 것에 정확히 반대되는 일련의 변화를 겪는다. 중력법칙이 시간 역전 가능하다는 것을 증명하는 것은 쉬운 일이다.

전기학 및 자기학의 법칙은 어떨까? 이들 역시 시간 역전 가능하다. 핵반응 법칙들은? 이들 또한 우리가 아는 한 시간 역전 가능하다. 지난 시간에 우리가 논했던 베타 붕괴 법칙도 시간 역전 가능할까? 몇 달 전에 이루어진 실험에서 발생한 문제는, 베타 붕괴 법칙과 관련해서 아직 알려지지 않은 어떤 중요한 측면이 있어서, 베타 붕괴가 사실상 시간 역전 불가능할 가능성을 보여주었다. 우리는 진실을 알기 위해 더 많은 실험이 이루어지기를 기다려야 한다. 하지만 적어도 다음의 내용은 참이다. 베타 붕괴(시간 역전 가능하든 그렇지 않든)는 대부분의 일반적인 환경에서 매우 미미한 현상이다. 내가 여러분에게 말할 수 있다는 사실은 베타 붕괴와 관련이 없다. 그것은 오히려 화학반응과 전기력에 의존하고, 핵력에는 거의 의존하지 않는 반면에 중력에 의존한다. 하지만 나는 한 방향으로만 활동한다—내가 입을 열어 말하면, 목소리는 공기 속으로 퍼져나가고 내가 다시 입을 연다고 해도 빨려 들어오지 않는다. 그리고 이 비가역성이 베타 붕괴 현상에 기인할 수는 없다. 다시 말해서 원자 운동에 의해 일어나는 대부분의 일반적인 현상들은 완전히 역전 가능한 법칙들을 따른다고 우리는 믿는다. 그러므로 비가역성을 설명하기 위해 좀더 연구할 필요가 있다.

우리가 만일 태양 둘레를 돌고 있는 행성들을 더 주의 깊게 조사한다면, 모든 것이 정확히 법칙에 맞지는 않는다는 것을 곧 알게 된다. 예를 들어 지구 축에 대한 지구의 자전은 조금씩 느려지고 있다. 그것은 조수의 마찰 때문인데, 마찰의 효과는 분명 되돌릴 수 없다. 나무 바닥 위에 무거운 물체를 놓고 밀어보자. 그것은 미끄러져 가다 멈출 것이다. 아무리 기다린다 해도, 그것이 갑자기 출발하여 속력을 높여 내 손으로 다시 돌아오지는 않는다. 이렇게 마찰 효과는 되돌릴 수 없는 것처럼 보인다. 그런데 앞에서 논의했던 것처럼, 마찰 효과는 물체와 나무의 엄청나게 복잡한 상호작용의 결과이다. 그들 내부에 있는 원자들의 꼬물거림에 의한 결과이다. 무거운 물체의 질서 정연한 운동은 나무에 있는 원자들의 혼란하고 불규칙적인 흔들림으로 바뀐다. 그러므로 우리는 이들을 더 세밀하게 조사해야 한다.

사실상 우리는 손쉽게 비가역성의 단서를 찾을 수 있다. 간단한 예를 하나 들어보겠다. 통 안에 잉크가 섞인 푸른 물과, 잉크가 들어 있지 않은 투명한 물이 분리대 양쪽에 나뉘어 있다고 하자. 이어서 매우 조심스럽게 분리대를 뽑아낸다. 한쪽의 푸른 물과 다른 쪽의 투명한 물은 섞이기 시작한다. 잠시 기다린다. 점차적으로 푸른 것은 투명한 것과 섞이게 되고 결국 물은 '여린 푸른' 빛을 띠게 된다. 즉 두 색깔이 반반씩 섞여 전체적으로 균일하게 된다. 이제 우리가 오랫동안 기다리며 여린 푸른 물을 지켜본다 해도, 그 물은 스스로 분리되지 않는다(다시 푸른색을 분리해내기 위해 조치를 취할 수는 있다. 물을 증발시켜 다른 그릇에 응결시키고, 푸른 물감을 모아서 절반의 물에 풀면, 원래의 푸른 물을 얻을 수 있다. 하지만 이 조치를 취하는 동안 당신은 어딘가 다른 곳에서 되돌릴 수 없는 현상을 야기시킬 것이다). 자연스럽게 물감이 다시 분리될 수는 없다.

이 예는 우리에게 몇 가지 실마리를 제공해준다. 분자들을 살펴보자. 푸른 물과 투명한 물이 섞이는 장면을 영화로 찍는다고 하자. 이제 그 영화를 거꾸로 돌리면 아주 재미있게 보일 것이다. 왜냐하면 균일한 물에서 시작하여 점차적으로 그것들은 분리될 것이기 때문이다. 그것은 분명 실제로는 있을 수 없는 일이다. 이제 사진을 확대해서 모든 물리학자들이 원자 하나하나를 관찰하고 어떤 되돌릴 수 없는 일이 일어나는지 찾아내게 하자. 즉 전진과 후퇴의 균형법칙이 어디에서 깨어지는지를 찾아내게 하자. 자, 당신은 필름을 거꾸로 돌리면서 관찰하기 시작한다. 당신 앞에는 열 운동으로 끊임없이 꼬물거리는 두 종류의 원자들(약간 이상하지만, 푸른 원자와 투명한 원자라고 부르자)이 있다. 우리가 처음부터 영화를 돌린다면, 출발 시점에서는 한 종류의 원자들 대부분이 한쪽 편에 있고, 다른 편에는 다른 종류의 원자들이 있을 것이다. 이제 그 수없이 많은 원자들이 꼬물거리기 시작한다. 만일 우리가 한 종류의 원자를 모두 한쪽 편에 두고 다른 종류의 원자는 모두 다른 편에 둔 상태에서 시작한다면, 원자들이 끊임없이 불규칙적으로 움직이는 과정에서 서로 섞이는 것을 보게 될 것이다. 이것이 물이 더 균일하게 푸른색이 되는 이유이다.

촬영된 영화에서 임의의 충돌 장면 하나를 지켜보자. 영화 속에서 원자들은 서로 이렇게 다가와 저렇게 되튕긴다. 이제 그 장면을 거꾸로 돌려보자. 그러면 당신은 두 분자가 저렇게 다가와 이렇게 되튕기는 것을 보게 될 것이다. 물리학자는 예리한 눈으로 주의 깊게 살펴보고, 모든 것을 측정한 후 이렇게 말할 것이다.

"정상이에요. 물리법칙에 따른 현상이군요. 분자들이 이렇게 다가온다면 저렇게 되튕기게 됩니다."

충돌은 되돌릴 수 있다. 분자 충돌의 법칙은 가역적인 것이다. 그러므로 당신이 너무 세심하게 관찰한다면, 비가역적인 현상을 전혀 이해할 수 없다. 왜냐하면 각각의 충돌은 전적으로 되돌릴 수 있는데, 거꾸로 돌린 전체 영화는 불합리해 보이기 때문이다. 즉 섞여 있는 상태—푸른 원자, 투명한 원자, 푸른 원자, 투명한 원자, 푸른 원자, 투명한 원자—에서 시작하여 시간이 감에 따라 여러 충돌을 통하여 푸른 원자와 투명한 원자가 분리되는 과정이 연출될 것이기 때문이다. 그러나 실제로 분자들은 그렇게 분리될 수 없다. 삶의 우연 속에서 푸른 것들이 스스로 투명한 것들로부터 분리되는 것은 자연스럽지 못하다. 그러나 당신이 거꾸로 돌린 그 영화를 매우 주의 깊게 살펴본다면, 모든 충돌은 되돌릴 수 있다.

이제 당신은 아마도 비가역성은 삶의 보편적인 우연에 의해 야기된다는 것을 알게 되었을 것이다. 당신이 서로 분리되어 있고 불규칙하게 운동하는 것들로부터 시작한다면, 그것들은 더 균일하게 섞인다. 그러나 그것들이 균일한 상태에 있으면 불규칙한 운동을 한다 해도 분리되지 않는다. 그것이 분리될 수도 있다. 분자들이 이곳저곳으로 튀어서 분리되는 것은 물리학의 법칙에 어긋나지 않는다. 그런 일은 다만 있음직하지 않을 뿐이다. 그런 일은 1백만 년 안에는 일어나지 않을 것이다. 이것이 정답이다. 어떤 사건이 비가역적이라는 것은, 그 사건이 한 방향으로 가는 것이 그럴듯하고, 다른 방향으로 가는 것은 비록 물리법칙에 어긋나지는 않지만 1백만 년 안에는 일어나지 않을 것이라는 의미이다. 당신이 오랫동안 원자들의 꼬물거림을 지켜본다면 잉크와 물의 균일한 혼합물이 한쪽에는 잉크로 다른 쪽에는 물로 분리될 것이라고 기대하는 것은 터무니없다.

이제 상자 하나를 가지고 실험한다고 해보자. 상자 안에는 각 종류의 분자들이 너댓 개만 있다고 하자. 이 경우에는, 만일 당신이 계속해서 지켜본다면, 얼마 후에—1백만 년 후일 필요는 없다. 어쩌면 일 년 후가 될 수도 있다—우연히 분자들이 원래 상태에 근접한 상태를 이룬 것을 발견하게 될 수도 있을 것이다. 그러니까 최소한 상자 중앙에 칸막이를 설치해서 투명한 원자들을 한편에 몰아놓고 푸른 원자들을 다른 편에 몰아놓을 수 있을 것이다. 그러나 우리가 다루는 실제 대상들은 단지 너댓 개의 푸른 원자와 투명한 원자가 아니다. 그들은 4백만~5백만의 1백만 배의 1백만 배의 1백만 배 개수의 원자들을 가지고 있고, 그 원자들이 모두 이런 식으로 분리되어야 한다. 그러므로 자연에서 나타나는 비가역성은 근본적인 물리법칙들의 비가역성에서 나오는 것이 아니다. 비가역성의 기원은 이러하다. 당신이 질서 있는 계에서 시작하고, 자연에 불규칙성들이 있으면, 즉 분자들의 충돌이 있으면, 그렇게 한 방향으로 진행된다.

그러므로 다음과 같은 질문을 던져보자. 애초에 분자들은 어떻게 질서 정연한 상태에 있었는가? 다시 말해서 질서 정연한 상태에서 출발하는 것이 어떻게 가능했는가? 시작은 질서 정연했다 할지라도 끝은 질서 정연하지 않을 수 있다는 것이 문제다. 그러나 질서 바른 것으로 시작해서 정연한 것으로 끝나지 못하는 데 어려움이 있다. 자연의 규칙 가운데 하나는 모든 것이 질서 있는 상황에서 무질서한 상황으로 간다는 것이다. 이때 질서라는 말은 무질서라는 말과 마찬가지로 일상생활에서 쓰는 의미와는 약간 다른 물리학 용어이다. 질서는 인간들에게는 흥미롭지 않을 수도 있다. 그냥 특정한 상황들이 있을 뿐이다. 모든 것이 한쪽에, 다른 모든 것이 다른 쪽에 있을 수도 있고, 아니면 그들이 섞여 있을 수도 있다. 그런 상황들이 질서 있는 혹은 무질서한 상황이다.

이제 문제는 애초에 어떻게 질서 있는 상황이 있었는가이다. 우리가 부분적으로만 질서 정연한 어떤 상황을 볼 때, 왜 우리는 그 상황이 더 질서 정연한 상황으로부터 나왔다고 결론짓는가?

우리가 한쪽에는 진하고 푸른 물이, 다른 쪽에는 깨끗하고 투명한 물이 있고 그 둘 사이에 푸르스름한 물이 들어 있는 물통을 보았다고 해보자. 우리는 그 물통이 이삼십 분 동안 그대로 방치된 상태라는 것을 안다. 그렇다면 나는 과거에는 두 물의 분리가 더 완벽했다고 추측하게 될 것이다. 내가 더 기다린다면, 푸른 물과 투명한 물이 서로 더 섞이게 될 것이다. 만일 내가 그 물통이 충분히 오랫동안 방치되었다는 것을 안다면, 나는 물통의 과거 상태에 관해 무언가 알아낼 수 있을 것이다. 두 물이 만나는 경계선이 '부드럽다'는 것은, 과거에 두 물이 매우 잘 분리되어 있었음을 의미한다. 왜냐하면 과거에 더 잘 분리되어 있지 않았더라면 두 물은 지금보다 더 많이 섞여 부드러운 경계선을 만들지 않았을 것이기 때문이다. 그러므로 현재를 근거로 과거에 대해 무언가 이야기하는 것이 가능하다.

사실 물리학자들은 이런 일을 많이 하지 않는다. 물리학자들은 다만 다음과 같은 질문에 대한 대답뿐이라고 생각하는 경향이 있다. "조건들은 이러이러하다. 이제 다음에는 무슨 일이 일어날까?" 그러나 다른 분야의 과학들은 전혀 다른 문제를 다룬다. 사실상 역사학, 지질학, 천체역사학 등에서 다루는 문제는 물리학자들이 다루는 전형적인 문제와는 반대이다. 나는 그들이 물리학자와는 전혀 다른 예측들을 할 수 있다는 것을 알고 있다. 물리학자는 "이 조건에서 나는 다음에 무엇이 일어날 것인가를 이야기할 수 있다."라고 말한다. 그러나 지질학자는 이런 식으로 말할 것이다.

"나는 땅속에서 특정한 종류의 뼈들을 발견했다. 여러분이 땅을 판다면, 비슷한 종류의 뼈들을 발견할 것이라고 나는 예측한다."

역사학자는 비록 과거에 대하여 이야기하지만, 미래를 언급하면서 과거에 대한 얘기를 할 수 있다. 그가 프랑스 혁명이 1789년에 있었다고 말한다면, 그는 만일 여러분이 프랑스 대혁명에 대한 다른 책을 본다면 똑같은 날짜를 발견할 것이라고 말하는 것이다. 그가 한 것은, 그가 전에 결코 보지 못한 어떤 것에 대한, 즉 발견해야 할 문서에 대한 일종의 예측이다. 그는 나폴레옹에 대한 내용이 있는 문서들이 다른 문서들에 쓰인 내용과 일치할 것이라고 예측한다. 이제 문제는 이 예측이 어떻게 가능한가이다. 가능한 유일한 대답은 과거의 세계가 이런 의미에서 현재보다 더 질서 있었다고 주장하는 것이다.

몇몇 사람들은 우주가 다음과 같은 방법으로 질서 있게 되었다고 제안하였다. 처음에 우주 전체에는 섞인 물과 같이 불규칙한 운동만 있었다. 우리가 앞에서 보았듯이, 아주 오랫동안 기다린다면, 매우 적은 원자들만 있을 경우 물도 우연히 분리될 수 있을 것이다. 몇몇 물리학자들은 과거에 우주에 요동이 있었고, 그로 인해 지금까지 계가 지속되고 있다고 (한 세기 전에) 제안하였다(요동이란 정상적인 균일한 상태를 약간 벗어나는 것을 의미한다). 세계는 요동하였고, 현재 우리가 보는 것은 그 요동이 스스로 원

상태로 복귀하는 모습이다. 당신은 이렇게 반론할지도 모른다.

"도대체 얼마나 오래 기다려야 그런 요동을 발견하겠는가?"

나도 모르겠다. 하지만 진화를 만들어낼 만큼, 즉 지적인 사람을 만들어낼 만큼 충분히 큰 요동이 있지 않았다면, 우리는 요동을 의식하지도 못했을 것이다. 그러므로 우리는 살아서 알아차릴 수 있을 때까지는 기다려보아야 한다. 적어도 그런 거대한 요동이 있었어야만 한다. 하지만 나는 이 이론이 옳지 않다고 믿는다. 나는 그것이 다음과 같은 이유 때문에 터무니없는 이론이라고 생각한다. 우주가 훨씬 컸고, 원자들이 전체적으로 완전히 섞인 상태로 시작되었다고 해보자. 그때 내가 만일 우연히 한 곳에 있는 원자들만을 보고, 원자들이 분리되어 있음을 확인했다면, 이로부터 원자들이 어디에서나 분리되어 있다고 결론 내릴 방법은 없다. 사실상 세상이 요동의 산물이고, 어딘가에 이상한 것이 있다면, 가장 그럴듯한 추측은, 다른 어떤 곳에도 그런 이상한 것이 없을 것이라는 것이다. 말하자면 나는 요동으로 인한 기울어짐을 감안하기 위해 이상한 것을 인정해야 하는데, 너무 많이 이상한 것들을 인정할 이유는 없다. 푸른 물과 투명한 물의 실험에서 궁극적으로 상자에 있는 소수의 분자들이 분리되었다 할지라도, 나머지 물은 여전히 섞여 있을 가능성이 가장 높다. 그러므로 우리가 별들을 바라보고 질서 정연한 세계를 바라볼지라도, 만일 그들이 요동의 산물이라면, 우리는 우리가 바라보지 않은 곳들은 무질서하고 혼란스러울 것이라고 예측할 것이다. 비록 우리가 관찰한 뜨거운 별들과 차가운 공간의 분리가 요동일 수는 있지만, 만일 그것이 실제로 요동이라면, 우리는 우리가 아직 보지 못한 장소에서는 별들이 공간과 분리되지 않았을 것이라고 예측할 것이다. 그러나 우리는 항상 우리가 보지 못한 장소에서 우리가 본 것과 비슷한 상태의 별들을 볼 것이라고 예측하고, 나폴레옹에 관해 비슷한 설명들을 발견할 것이라고 예측하며, 전에 보았던 뼈와 같은 뼈들을 보게 될 것이라고 예측한다. 그 모든 과학의 성취는 우주가 요동에서 생겨난 것이 아니라, 현재보다 더 분리되고 더 질서 있는 과거의 조건에서 생겨났음을 시사한다. 그러므로 나는 과거의 우주가 전문적인 의미에서 오늘날보다 더 질서 정연했다는 가정을 물리법칙에 추가하는 것이 필요하다고 생각한다. 나는 이것이 비가역성을 의미 있게 만들고 또한 이해할 수 있게 만드는 추가적인 주장이라고 생각한다.

이 주장 자체는 물론 시간적으로 편향되어 있다. 이 주장은 과거가 어떤 측면에서 미래와 다르다고 말한다. 그러나 그 주장은 물리법칙의 영역 밖에 있다. 우리는 오늘날 우주의 진행이 따르는 규칙들을 지배하는 물리법칙들과, 우주가 과거에 있었던 조건을 설명하는 법칙을 구별하려고 노력하고 있다. 이 두 번째 법칙은 천문학적 역사로 간주된다—언젠가는 이것 또한 물리법칙의 한 부분이 될 것이다.

이제 비가역성이 지닌 여러 가지 흥미로운 측면들을 예시하고자 한다. 그 가운데 하나는 어떻게 되돌릴 수 없는 기계가 실제로

[그림 24] 역회전을 막기 위해 미늘 장치가 되어 있는 톱니바퀴. 이것은 완벽한 비가역적 장치이다.

작동하는가를 정확하게 살펴보는 것이다.

오직 한 방향으로만 작동해야 하는 어떤 것을 만든다고 하자. [그림 24]처럼 역회전을 막도록 미늘(바퀴쐐기) 장치가 되어 있는 톱니바퀴를 만들려고 한다. 바퀴는 굴대 위에 있고, 작은 역회전 멈춤쇠는 용수철에 의해 유지된다.

이제 바퀴는 한 방향으로만 돌 수 있다. 다른 방향으로 돌린다면, 톱니의 직선 모서리 부분이 멈춤쇠에 걸려서 돌아가지 못한다. 반면 그것을 제 방향으로 돌린다면 톱니 위로 탁, 탁 소리를 내면서 제대로 돌아간다(당신도 이와 같은 종류의 장치를 알고 있다. 이 장치는 시계에 이용된다. 손목시계는 내부에 이 장치가 있어서 태엽을 한 방향으로만 감을 수 있다). 바퀴가 오직 한 방향으로만 돈다는 의미에서 이 장치는 완벽한 비가역적 장치이다.

이제 이 비가역적 장치, 즉 한 방향으로만 돌 수 있는 바퀴를 매우 유용하고 흥미롭게 이용할 수 있을 것이라는 상상을 해볼 수 있다. 알다시피 분자들은 끊임없이 불규칙한 운동을 하고 있

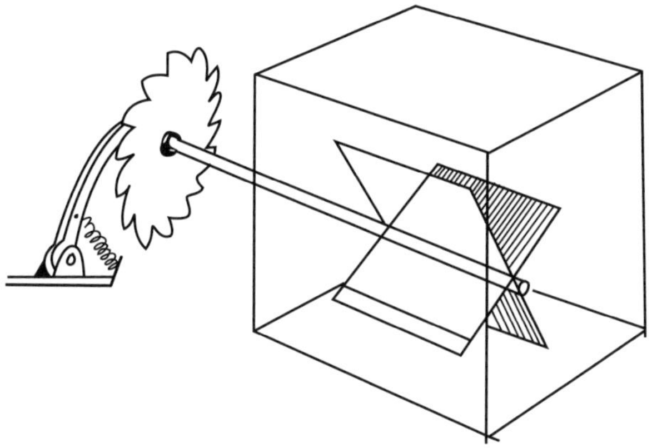

[그림 25] 완벽한 비가역적 장치에 연결된 바람개비는 과연 한 방향으로만 돌까?

다. 우리가 만일 매우 예민한 장치를 만든다면, 주변에 있는 공기 분자들이 그 장치에 불규칙적으로 부딪히기 때문에 장치가 항상 꼬물거릴 것이다. 그렇다면 기발한 생각이 있다.

바퀴에 축을 달고 축에는 [그림 25]처럼 네 개의 바람개비를 설치하자. 바람개비는 기체 상자 안에 있고 항상 분자들에 의해 불규칙적으로 부딪히고 있다. 따라서 바람개비는 때로는 한 방향으로 때로는 다른 방향으로 밀린다. 그러나 바람개비가 한 방향으로 밀릴 때는 멈춤쇠가 운동을 막고, 다른 방향으로 밀릴 때는 잘 돌아간다. 그러므로 바퀴는 끊임없이 돌게 될 것이고, 우리는 일종의 영구운동 기관을 만들어낸 것이다. 왜냐하면 바퀴가 비가역적으로 작동하기 때문이다.

그러나 우리는 더 세밀하게 검토해야 한다. 바퀴가 한 방향으로 돌아가는 모습을 자세히 보면, 멈춤쇠가 위로 올라갔다가 내려와 다음 톱니에 물리면서 작동하게 된다. 이때 멈춤쇠는 되튕기게 될 것이고, 만일 멈춤쇠가 완전히 탄성적이라면, 그것은 계속해서 튀어오르게 될 것이다. 이때 멈춤쇠가 우연히 튕겨 올라간 상태라면 바퀴는 아래로 내려가 반대 방향으로 돌 수 있을 것이다. 그래서 멈춤쇠가 내려왔을 때 멈추지 않는다면 이 바퀴는 작동하지 않을 것이다. 멈춤쇠가 들어올려지고 다시 내려져 멈추려면, 제동 또는 마찰이라는 것이 있어야만 한다. 그래야만 바퀴가 한 방향으로만 돌 수 있다. 그러나 마찰 때문에 열이 생겨, 바퀴는 점점 더 뜨거워지게 될 것이다. 그런데 바퀴가 꽤 뜨거워지면, 무언가 다른 일이 일어난다. 바람개비 주변에 있는 기체에 브라운 운동 또는 불규칙 운동이 있는 것처럼, 바퀴와 멈춤쇠 역시 그것들이 무엇으로 만들어졌건 간에 더 뜨거워지고 더 불규칙한 방식으로 운동하기 시작한다. 결국 바퀴가 너무 뜨거워져서 멈춤쇠가 그 안에 있는 분자들의 운동으로 인해 꼬물거리게 된다. 그래서 바람개비를 돌게 했던 것과 똑같은 분자운동 때문에 멈춤쇠는 바퀴 위에서 오르락내리락하게 된다. 멈춤쇠가 바퀴 위에서 위아래로 흔들리므로 바퀴는 어느 쪽으로도 돌 수 있다. 우리의 장치는 더 이상 한 방향으로만 작동하는 장치가 아니다. 사실상 바퀴는 뒤로 돌아갈 수 있다! 만일 바퀴가 뜨겁고 바람개비 부분은 차갑다면, 한 방향으로만 돌아갈 것이라고 생각한 바퀴가 반대 방향으로 돌아갈 것이다. 왜냐하면 멈춤쇠가 내려올 때마다 톱니의 빗면에 부딪혀 바퀴를 '뒤로' 밀 것이기 때문이다. 이어서 멈춤쇠는 다시 튀어올라 다음 빗면 위로 내려오고, 그렇게 계속해서 반복적으로 움직일 것이다. 그러므로 바퀴가 바람개비보다 더 뜨거우면 바퀴가 반대 방향으로 돌아가게 된다.

이것이 바람개비 둘레의 기체 온도와 무슨 관계가 있을까? 바람개비 부분이 전혀 없다고 가정해보자. 바퀴가 빗면 위에 떨어지는 멈춤쇠에 의해 앞으로 밀린다면, 다음에 일어날 일은 톱니의 수직면이 멈춤쇠와 부딪혀 바퀴가 뒤로 튕겨지는 것이다. 바퀴가 뒤로 튕기는 것을 막기 위해 완충 장치를 두고, 공기 통 속에 바람개비를 설치하면, 바퀴의 움직임은 줄어들고 자유롭게 뒤로 돌지 않게 될 것이다. 그렇게 하면, 바퀴는 계획한 것과는 반대 방향으로만 돌게 될 것이다. 따라서 장치를 어떻게 설계하는가에 상관없이, 이 장치는 어느 부분이 뜨거운가에 따라 서로 반대되는 한 방향으로만 회전할 것이다. 그러나 두 부분 사이에 열교환이 있은 뒤, 모든 것이 평형 상태에 도달해서 바람개비와 바퀴가 같은 온도에 이르게 되었다면, 바퀴는 평균적으로 어느 방향으로도 회전하지 않을 것이다. 자연은 비평형 상태에 있는 한 이런 복잡한 방식을 동원해서 한쪽 방향으로 이동한다. 비평형 상태란 한쪽이 다른 쪽보다 더 조용하거나 더 파랗다는 것을 의미한다.

에너지 보존법칙은 우리가 필요한 만큼 에너지를 얻을 수 있다는 생각을 하게 만든다. 자연은 결코 에너지를 잃거나 얻지 않는다. 그러나 예를 들어 바다에 있는 모든 원자들의 열 운동인 바다의 에너지는 실질적으로 우리가 이용할 수 없는 에너지이다. 그 에너지를 조직화하기 위해서는, 즉 그것을 쓸 수 있도록 하기 위해서는 온도 차이를 만들어야 한다. 그렇게 할 수 없다면, 비록 거기 에너지가 있다 해도 우리는 그 에너지를 이용할 수 없다. 에너지와 에너지의 유용성 사이에는 엄청난 차이가 있다. 바다의 에너지는 많은 양이지만 이용할 수는 없다.

에너지 보존은 세계에 있는 에너지 총량이 같게 유지된다는 것을 뜻한다. 그러나 어떤 상황에서는 불규칙적인 꼬물거림으로 인해 에너지가 매우 균일하게 분산되어서 이렇게도 저렇게도 할 수 없는 경우가 있다. 에너지를 제어할 방법이 더 이상 없는 것이다.

이 문제를 예를 들어 설명해볼 수 있을 것 같다. 당신도 그런 경험을 해보았는지는 모르겠지만, 내 경험을 얘기하겠다. 언젠가 수건 몇 장을 가지고 바닷가에 앉아 있는데 갑자기 억수같이 비가 쏟아졌다. 나는 되도록 빨리 타월을 들고 탈의실로 달려갔다. 수건으로 몸을 닦기 시작했는데, 비록 수건이 젖어 있었지만, 몸보다는 덜 젖어 있었다. 당신은 그 수건이 너무 젖어서 소용이 없을 때까지 계속 그 수건으로 몸을 닦을 것이다. 몸이 마르는 만큼 타월은 젖게 된다. 계속하여 몸을 말리다가 수건이 너무 젖었다고 느끼면 다른 수건으로 바꾼다. 곧 모든 수건들이 축축해지고 당신도 여전히 축축한 난처한 상황이 벌어진다. 비록 많은 수건을 가지고 있지만, 더 이상 몸을 말릴 방법이 없다. 왜냐하면 수건들과 몸의 젖은 정도 사이에 아무런 차이가 없기 때문이다. 나는 '물 제거도'라고 부를 수 있는 어떤 종류의 양을 창안해낼 수 있다. 수건은 여러분의 몸과 같이 물 제거도를 가지고 있다. 그래서 몸을 수건으로 닦으면, 여러분 몸에서 수건으로 물이 가는 것처럼 수건으로부터 물이 여러분에게로 나온다. 여러분에게 있는 물의 양과 수건에 있는 물의 양이 같음을 뜻하는 것은 아니다. 커다란 수건은 작은 수건보다 더 많은 물을 가질 수 있을 것이다. 그러나 그들은 같은 정도로 축축하다. 만일 두 물체가 같은 정도로 축축하다면 더 이상 어떻게 해볼 수 있는 일이 없다.

물은 에너지와 비슷하다. 왜냐하면 물의 총량도 변하지 않기 때문이다(탈의실 문을 열고 밖으로 나가 햇빛으로 몸을 말릴 수 있다면, 또는 다른 타월을 찾을 수 있다면 다행이다. 그러나 모든 것이 닫혀 있다고 가정하자. 여러분은 이 수건들을 버릴 수 없고, 새 수건을 얻을 수도 없다). 마찬가지로 우리가 세계의 닫혀진 한 부분을 상상한다면, 충분히 오랜 시간이 흐르면, 그 부분 속의 에너지가 물처럼 전체에 걸쳐 한 곳도 빠짐없이 고르게 분포되어 한쪽 방향으로 진행하는 어떤 일도 일어나지 않게 될 것이다. 우리가 경험하는 세계에 있는 실제로 흥미로운 일들이 전혀 일어나지 않게 될 것이다.

그러므로 톱니바퀴와 멈춤쇠와 바람개비가 있는 고립된 장치에서, 바퀴와 바람개비의 온도는 점차적으로 같아져서 바퀴는 어느 방향으로도 돌아가지 않을 것이다. 마찬가지로 여러분이 어떤 계를 충분히 오랫동안 그대로 둔다면, 계의 에너지는 완전히 뒤섞여서, 실제로 어떤 일을 할 수 있는 유용한 에너지는 더 이상 없는 상황이 된다.

비유적으로 말해서, 습기 또는 '물 제거도'에 대응하는 것이 온도라고 할 수 있다. 두 물체가 같은 온도에 있을 때 나는 두 물체가 평형에 이르렀다고 말하지만, 그것은 그들이 같은 에너지를 갖고 있음을 뜻하는 것은 아니다. 그것은 단지 한 물체에서 에너지를 뽑아내는 것이 다른 물체에서 뽑아내는 것만큼 쉽다는 것을 의미한다. 온도는 '에너지 제거도'와 같다고 할 수 있다. 그러므로 두 물체를 서로 곁에 놓는다면, 겉보기에는 아무 일도 일어나지 않는다. 그들은 에너지를 주고받지만, 전체 에너지 변화는 없다. 그러므로 두 물체가 같은 온도가 되면, 어떤 일을 할 수 있는 유용한 에너지는 더 이상 없다. 비가역성 원리는 다음과 같다. 온도가 서로 다른 물체들을 그냥 놔두면, 시간이 감에 따라 그것들의 온도가 점점 더 같아지고, 에너지의 유용성은 끊임없이 줄어든다.

이 원리는 엔트로피 법칙이라고도 불린다. 그 법칙에 따르면, 엔트로피는 항상 증가한다. 그러나 전문용어가 중요한 것은 아니다. 쉽게 말해서 에너지 유용성이 항상 줄어든다는 것이다. 엔트로피 법칙은 분자들의 불규칙적인 운동에 기반을 두고 있다는 점에서 세계가 가지는 특성이다. 온도가 서로 다른 물체들은 그것들만 따로 둔다면, 같은 온도가 되려는 경향이 있다. 불이 꺼져 있는 난로가 있고 그 위에 물이 있는 것처럼, 온도가 같은 두 물체가 있다면, 물이 얼고 난로가 뜨거워지는 일은 생기지 않는다. 그러나 뜨거운 스토브와 얼음이 있다면, 반대 방향의 일이 일어난다. 즉 정해진 진행 방향은 항상 에너지의 유용성이 줄어드는 방향이다.

내가 이 강의의 주제와 관련해서 계획한 얘기는 여기까지지만, 몇 가지 특징적인 현상들에 대하여 더 언급하고자 한다. 우리가 이 강의에서 살펴본 비가역성은 법칙들의 분명한 결과가 아니라 기초법칙들과는 약간 거리가 있다. 왜 그런지를 이해하려면 많은 분석이 필요하다. 비가역성이 가장 중요하게 작용하는 분야는 세계 경제, 즉 모든 실질적인 대상들이 포함된 세계의 실제 행동에서이다. 나의 기억, 나의 성격, 과거와 미래 사이의 차이는 비가역성을 떼어놓고 생각할 수 없다. 그러나 법칙들을 아는 것만으로 비가역성을 한눈에 이해할 수는 없다. 많은 분석이 필요하다.

물리법칙들은 흔히 경험과 직접적으로 관련이 없고, 다양하게 경험으로부터 멀리 떨어져 있는 듯이 보인다. 이 강의와 관련해서, 현상은 비가역적임에도 불구하고 법칙들은 가역적이라는 사실을 예로 들어 논해보자.

상세한 법칙들과 실제 현상의 주요 측면 사이에는 때때로 큰 차이가 있다. 예를 들어 우리가 멀리서 빙하를 지켜보면서 거대한 얼음덩이들이 바다로 떨어지는 것이나 얼음이 움직이는 모습 등을 볼 때, 빙하가 작은 육각형 얼음 결정으로 이루어졌다는 것을 상기하는 것은 실제로 중요하지 않다. 그러나 충분히 잘 이해한다면, 빙하의 운동은 실제로 육각형 얼음 결정의 특징 때문임을 알게 된다. 그러나 빙하의 모든 움직임을 이해하는 데는 매우 오랜 시간이 필요하다(결정에 대한 많은 연구가 이루어졌음에도 불구하고, 아직 아무도 얼음에 대하여 충분히 알지 못하고 있다). 어쨌든 우리가 얼음 결정을 정말로 이해한다면 마침내 빙하를 이해하게 될 것이라고 희망할 수 있다.

사실상 우리가 이 강연에서 물리법칙의 기초에 대하여 이야기하고 있기는 하지만, 나는 우리가 현재 알려진 모든 기본 법칙들을 안다고 해도, 즉각적으로 무언가 대단한 것을 이해하게 되는 것은 아니라는 사실을 솔직히 고백해야겠다. 기본 법칙들을 모두 아는 데는 시간이 걸리고, 더군다나 그 앎조차 부분적이다. 사실상 실제 세계 속에 있는 가장 중요한 것들은 수많은 법칙들이 얽혀 산출된 일종의 우연적인 결과물인 것처럼 보인다. 자연이 그런 식으로 설계되어 있는 듯하다.

예를 들어 다수의 양성자와 중성자로 이루어진 핵은 매우 복잡하다. 핵들은 이른바 에너지 준위를 가진다. 핵들은 다양한 에너지 값의 상태 또는 조건에 있을 수 있고, 다양한 핵은 다양한 에너지 준위를 갖는다. 그리고 에너지 준위의 위치를 구하는 것은 우리가 오직 부분적으로만 풀 수 있는 복잡한 수학 문제이다. 준위들의 엄밀한 자리는 엄청난 복잡성에 의해 결정된다. 따라서 그 안에 15개의 알갱이가 있는 질소가 2.4백만 볼트 위치에서 한

에너지 준위를 가지고, 다음 준위로 7.1백만 볼트 등을 가진다는 것은 특별히 신비로운 일이 아니다. 하지만 자연이 지닌 놀라운 특징은, 우주 전체의 특징이 정확히 어떤 한 핵이 지닌 한 특별한 준위의 위치에 의해 결정된다는 것이다. C12의 핵에서는 우연하게도 7.82백만 볼트에 한 준위가 있다. 그 사실로 인해 우주 전체가 이런 모습이 되었다.

상황은 다음과 같다. 수소에서 얘기를 시작해보자. 처음 생겨났을 때 우주는 거의 전부 수소로 되어 있었다. 수소가 중력으로 인해 함께 모이게 되고 점점 뜨거워져 핵반응이 일어날 수 있게 되어 헬륨이 만들어지게 되었다. 헬륨은 부분적으로만 수소와 결합할 수 있고, 약간 더 무거운 몇 가지 원소들을 생산할 수 있다. 그러나 이 무거운 원소들은 곧바로 헬륨으로 붕괴된다. 그러므로 우주에 있는 모든 다른 원소들이 어떻게 생겨났는가라는 질문이 오랫동안 대단한 수수께끼였다. 왜냐하면 별들의 내부에서 수소로부터 원소들을 만든다면, 기껏해야 헬륨을 비롯한 대여섯 개의 원소들만 만들 수 있기 때문이다. 이 문제에 직면하여, 호일•과 샐피터•• 교수는 한 가지 해결책을 내놓았다. 만

• Fred Hoyle, 1915~2001, 영국의 천문학자. 허먼 본디(Hermann Bondi), 토머스 골드(Thomas Gold)와 함께 정상상태 우주론의 대표적인 학자로 꼽힌다. 그는 1950년 〈우주의 본질〉이라는 방송 강의를 하면서 가모(George Gamow)의 대폭발 이론을 빗대어 "그럼 태초에 빅뱅(big bang)이 있었다는 말인가"라고 그를 조롱했는데, '빅뱅'이란 말은 이때 비로소 생긴 것이다.

•• Edwin Salpeter, 1924~2008, 미국의 물리학자.

일 헬륨 원자 세 개가 모여 탄소를 이룰 수 있다면, 우리는 별에서 그 일이 얼마나 자주 일어날 수 있는지 쉽게 계산할 수 있다. 그리고 한 가지 가능한 우연을 제외하고는 그 일이 결코 일어나지 않음이 밝혀졌다. 만일 탄소에 우연히 7.82백만 볼트의 에너지 준위가 있다면, 모인 세 헬륨 원자들은 그런 7.82백만 볼트 준위가 없을 때 존재할 수 있는 시간보다 평균적으로 좀더 오래 함께 미물게 된다. 헬륨들이 함께 머무는 약간 더 오랜 시간은 무언가 다른 일들이 일어나 다른 원소들이 만들어지기에 충분한 시간이다. 탄소에 7.82백만 볼트 준위가 있다면, 주기율표에 나오는 다른 모든 원소들이 어떻게 생겨났는지 이해할 수 있다. 그리하여 논리적으로 앞뒤가 바뀐 논증에 의해서, 탄소에 7.82백만 볼트 에너지 준위가 있다는 예측이 제기되었다. 실제로 실험실에서 이루어진 실험들에서 그 에너지 준위가 있음이 밝혀졌다. 그러므로 우주에 여러 종류의 원소들이 존재한다는 사실은, 탄소에 이 특별한 준위가 있다는 사실과 매우 밀접하게 관련된다. 그러나 물리법칙을 알고 있는 우리에게는, 탄소에 있는 이 특별한 준위의 위치는 12개의 알갱이들이 매우 복잡하게 상호작용하여 나타난 우연한 결과처럼 보인다. 이 예는 물리법칙을 이해한다고 해서 반드시 세상에서 중요한 것들을 직접적으로 이해할 수 있는 것은 아님을 보여주는 훌륭한 예이다. 실제 경험의 세부는 흔히 기본법칙으로부터 매우 멀리 떨어져 있다.

우리는 세계를 논의할 때 여러 위계 혹은 수준에서 이야기한다. 지금 나는 매우 엄밀한 수준 구분을 시도하는 것은 아니지만, 몇 가지 관련된 얘기들을 통해서 생각의 수준이 무엇을 의미하는지 보이고자 한다.

예를 들어 한쪽 극단에 근본적인 물리법칙들이 있다. 이어서 우리는 개념을 나타내는 다른 용어들을 만들어낸다. 그 개념들은 근사적이며, 우리가 믿기로는 궁극적으로 기본법칙들에 의해 설명된다. 이를테면 '열'이 있다. 열은 꼬물거림으로 간주된다. 따라서 뜨거운 것에 관한 얘기는 꼬물거리는 원자들의 집단에 관한 얘기일 뿐이다. 그러나 열에 대하여 이야기하다 보면, 잠시 동안 원자들의 꼬물거림을 잊게 된다. 마치 빙하에 대하여 이야기할 때 항상 육각형 얼음과 처음 내리는 눈송이를 생각하지는 않는 것처럼 말이다. 비슷한 예로 소금 결정을 들 수 있다. 근본적으로 본다면, 소금은 수많은 양성자와 중성자와 전자이다. 그러나 우리는 '소금 결정'이라는 개념을 가지고 있다. 그 개념은 근본적인 상호작용들의 패턴 전체를 이미 담고 있다. 압력 같은 개념도 마찬가지다.

이제 다음 수준으로 올라가면, 물질의 성질들을 만나게 된다 —빛이 어떤 것을 통과할 때 어떻게 굽는가를 나타내는 '굴절률', 또는 물이 스스로를 끌어 모으는 경향이 있다는 사실을 나타내는 '표면장력' 같은 것이 그런 성질들이다. 이들은 둘 다 수로 기술된다. 그 성질이 원자들의 인력이라는 것 등을 알아내기 위해서는 아래로 여러 수준을 내려가야 한다는 것을 상기하기 바란다. 그러나 우리는 여전히 '표면장력'을 말하고, 표면장력을 논할 때 내적인 작동에 대해서는 크게 염려하지 않는다.

계속해서 더 높은 위계로 올라가보자. 물과 관련해서 우리는 파도라는 개념을 가지고 있고, 폭풍이나 '태양 흑점' 또는 '별' 같은 개념을 가지고 있다. '폭풍'이라는 단어는 엄청나게 큰 현상을 나타내고 '항성 점'이나 '별'은 대상들의 축적이다. 그러나 그 사실을 항상 돌이켜 생각할 필요는 없다. 사실상 그렇게 돌이킬 수도 없다. 왜냐하면 위로 올라갈수록 중간 단계들이 많아지고 그 단계들의 연결력이 더 약하기 때문이다. 우리는 그 모든 위계를 아직 다 둘러보지 않았다.

복잡성의 체계에서 더 올라가면, 근육 경련 또는 신경 자극과 같은 것에 도달하게 된다. 이들은 매우 정교한 복잡성으로 조직된 유기적 물질과 관계되므로 물리 세계에서는 엄청나게 복잡한 것이다. 이어서 '개구리' 같은 것들이 등장한다.

그리고 계속 나아가면 '인간' '역사' 또는 '정치적 적절함' 등과 같은 말과 개념들에 이르게 된다. 이것들은 우리가 사물을 더 높은 수준에서 이해하기 위해 이용해온 개념들이다.

계속 올라가면, 악, 아름다움, 희망…… 등의 개념에 이르게 된다.

종교적인 은유를 써도 좋다면, 양쪽 극단 중 어느 것이 신에 더 가까울까? 미와 희망일까, 아니면 근본법칙들일까? 물론 사물의 연결 구조 전체를 보는 것이 옳다고 말해야 할 것이다. 즉 모든 과학, 심지어 과학이 아닌 모든 종류의 지적인 노력들은 위계들의 연결을 찾으려는 노력일 것이다. 아름다움을 역사에 연결하고, 역사를 인간의 심리학에 연결하고, 인간의 심리학을 뇌의 작동에, 뇌를 신경 자극에, 신경 자극을 화학에…… 등 위계들을 양방향으로 오르내리는 노력일 것이다. 그러나 오늘날 우리는 한 쪽 끝에서 다른 쪽 끝까지 책임 있게 선을 연결할 수도 없고 그렇게 할 수 있다고 믿는 것 역시 유용하지 않다. 왜냐하면 우리는 이런 상대적인 위계가 있다는 사실을 이제 막 알기 시작했기 때문이다.

그리고 나는 어느 쪽 끝도 신에 더 가깝다고 생각하지 않는다. 어느 한쪽 끝에 서서 그 방향에서 가는 것이 완전히 이해하는 길이라고 믿으면서 끝까지 나아가는 것은 잘못이다. 악과 아름다움과 희망의 편에 서서, 혹은 근본법칙들의 편에 서서, 그 측면만으로 세계 전체에 대한 깊은 이해의 길을 얻으려 하는 것은 잘못이다. 한 극단에 있는 전문가들은 다른 극단에 있는 전문가들을 무시한다고 느끼지 않는다(그들은 실제로 그렇지 않지만, 사람들은 그들이 그렇다고 말한다). 두 극단 사이에서 일하는 수많은 사람들이 끊임없이 단계들을 하나씩 연결하여 세계에 대한 우리의 앎을 증진시키고 있다. 우리는 그렇게 양 끝에서 그리고 중간에서 일하면서, 서로 얽힌 위계를 지닌 거대한 세계를 점차 이해해가고 있다.

6 확률과 불확실성–자연의 양자역학적 관점

실험적 관측 역사 출발점에는 또는 과학적인 것들에 대한 다른 모든 종류의 관측의 출발점에는 직관이 있다. 그 직관은 일상적인 사물에 대한 단순한 경험에 의존하고 그 사물들을 합리적으로 설명하는 데 도움을 준다. 그러나 우리가 알고 있는 것을 더 넓히고 우리가 본 것을 더 일관되게 기술하려 노력하고 더 넓은 현상을 바라보는 동안, 설명은 법칙들로 대체되었다. 이 발전 과정에서 한 가지 이상한 점은 법칙들이 흔히 점점 더 비합리적으로 되고 명백한 것으로부터 직관적으로 점점 더 멀어지는 듯하다는 것이다. 예를 들어 상대성 이론에 따르면, 당신이 어떤 두 사건이 동시에 일어났다고 생각한다면, 그것은 단지 당신의 관점이고,

누군가는 그 사건들이 순차적으로 일어났다고 결론내릴 수도 있다. 그러므로 동시성은 단순히 주관적인 인상일 뿐이다.

사실상 그렇지 않으리라고 기대할 이유는 없다. 왜냐하면 우리가 일상적으로 경험하는 것들은, 수많은 알갱이들과 관련되거나, 매우 천천히 운동하는 것들과 관련되거나, 또는 한정된 자연 경험에만 특수하게 타당한 조건들과 관련되기 때문이다. 우리가 직접적인 경험에 의해서 얻는 것은 자연 현상의 작은 일부일 뿐이다. 우리는 정밀한 측정과 주의 깊은 실험을 통해서만 더 넓은 시야를 가질 수 있다. 그리고 우리는 예상하지 못한 것들을 발견한다. 우리가 추측하거나 상상한 것과는 전혀 다른 것들을 보게 되는 것이다. 우리의 상상력은 소설을 읽을 때처럼 실제로 존재하지 않는 것을 상상하기 위해서가 아니라 정말로 존재하는 것들을 이해하기 위해 최대한으로 확장된다. 내가 이 강의에서 얘기하고자 하는 것이 바로 이런 종류의 상황이다.

빛의 역사에서 시작해보자. 처음에 사람들은 빛이, 빗방울이나 총알과 같은 미세한 알갱이들의 흐름과 매우 비슷하게 행동한다고 믿었다. 이후 더 많은 연구를 통해 그 믿음은 오류이고, 실제로 빛은 이를테면 물결과 같은 파동처럼 행동한다는 것이 분명해졌다. 다시 20세기에 들어 계속된 연구에 의해 빛이 실제로 여러 방식으로 알갱이처럼 행동한다는 것이 발견되었다. 이른바 광전효과에서 우리는 오늘날 광자라고 부르는 빛 알갱이들을 셀 수 있다. 전자가 처음 발견되었을 때, 전자는 매우 단순하게 완전히 알갱이나 총알처럼 행동했다. 뒤이은 연구들에 의해서, 예를 들어 전자 회절 실험에 의해서 전자들이 파동처럼 행동한다는 것이 밝혀졌다. 시간이 지남에 따라 이들의 행동에 대한 혼란은 커져만 갔다. 파동일까? 알갱이일까? 알갱이? 파동? 모든 것이 둘 다인 것처럼 보였다.

이 가중되는 혼란은 1925년 또는 1926년에 양자역학을 위한 올바른 방정식이 등장함으로써 해결되었다. 이제 우리는 전자들과 빛이 어떻게 행동하는지를 안다. 그러나 나는 그것을 무엇이라 불러야 할까? 그들이 알갱이처럼 행동한다고 말한다면, 잘못된 인상을 주게 된다. 또한 파동처럼 행동한다고 말하는 것도 마찬가지다. 그들은 흉내낼 수 없는 고유한 방식으로, 즉 전문용어로 양자역학적 방식이라 부를 수 있는 방식으로 행동한다. 그들은 당신이 이전에 본 어떤 것과도 다른 방식으로 행동하는 것이다. 당신이 이전에 보았던 것들에 대한 당신의 경험은 불완전하다. 매우 작은 규모의 사물들의 행동은 완전히 다르다. 원자는 용수철에 매달려 진동하는 추와는 다르게 행동한다. 원자는 행성들이 궤도를 도는 작은 태양계 모형처럼 행동하지도 않는다. 원자는 핵을 둘러싼 구름이나 안개 따위로 나타나지도 않는다. 원자는 당신이 지금까지 본 어떤 것과도 다르게 행동한다.

최소한 한 가지 단순화된 설명이 있다. 전자들은 한 측면에서 광자와 정확히 동일하다. 전자와 광자는 똑같은 방식으로 괴상하다.

그러므로 그들이 어떻게 행동하는가를 이해하기 위해서는 최대한의 상상력을 기울여야 한다. 왜냐하면 우리는 당신이 알고 있는 것과는 다른 것을 묘사할 것이기 때문이다. 이런 측면에서 이 강의는 일련의 강의들 중 가장 어려운 강의일지도 모른다. 추상적이고 경험에 가깝지 않다는 의미에서 말이다. 하지만 이 강의를 뺄 수는 없었다. 물리법칙의 특성에 대한 강의들을 하면서, 미시 규모 알갱이들의 실제 행동을 묘사하는 이 부분을 제외한다면, 그것은 임무를 태만히 하는 것이 될 것이다. 내가 얘기할 내용은 자연의 모든 알갱이들에 적용되는 보편적인 특성이므로, 물리법칙의 특성에 대해 강의하고자 한다면, 이 특별한 양상에 대해 이야기하는 것은 반드시 필요하다.

이 강의를 이해하기는 어려울 것이다. 그러나 그 어려움은 사실 심리적인 것이며, 당신이 스스로에게 "도대체 어떻게 그럴 수 있지?"라고 물으면서 양자역학의 현상을 당신에게 익숙한 것들에 유추하여 이해하려는 헛된 바람을 끊임없이 가지기 때문에 생겨난다. 나는 알갱이들의 기묘한 특성을 익숙한 것에 유추하여 묘사하려 하지 않는다. 나는 그것을 단순히 기술하겠다. 상대성 이론을 이해한 사람이 열두 명뿐이라는 기사가 신문에 났던 시절이 있었다. 그러나 나는 그런 시절이 있었다고는 믿지 않는다. 오직 한 사람만이 이해했던 시절이 있었는지는 모르겠다. 왜냐하면 그는 논문을 쓰기 전에 그 이론을 이해한 유일한 사람이었기 때문이다. 그러나 그 논문을 읽은 뒤 사람들은 상대성 이론을 이런 저런 방식으로 이해했고, 그 사람들의 수는 확실히 열두 명보다는 많았을 것이다. 반면에 나는 아무도 양자역학을 이해하지 못한다고 자신 있게 말할 수 있다고 생각한다. 그러므로 이 강의를 어떤 모형을 통해서 어떻게든 이해해야만 한다고 느끼면서 너무 진지하게 듣지 말기를 바란다. 나는 당신이 단지 긴장을 풀고 즐길 수 있었으면 좋겠다. 이제 나는 자연이 어떻게 행동하는지를 이야기할 것이다. '그래, 자연은 그렇게 행동할지도 몰라.'라고 단순히 받아들인다면, 당신은 자연이 재미있고 매혹적인 대상임을 알게 될 것이다. 가능하다면 스스로에게 계속하여 "도대체 어떻게 그럴 수 있지?"라고 묻지 말기를 바란다. 당신은 이제껏 아무도 빠져나오지 못한 캄캄한 터널 속에서 길을 잃을 것이기 때문이다. 어떻게 그럴 수 있는지를 아는 사람은 아무도 없다.

이제 전자나 광자의 행동을 전형적인 양자역학적 방법으로 묘사하겠다. 나는 유추와 대조를 모두 이용해서 이야기하려 한다. 내가 순전히 유추만을 이용한다면, 우리는 실패할 것이다. 그러므로 나는 유추와 대조를 통해서 이야기할 것이다. 나는 전자나 광자의 행동을 먼저 총알을 예로 삼아서 알갱이의 행동에 유추하고 대조할 것이며, 이어서 물결을 예로 삼아서 파동의 행동에 유추하고 대조할 것이다. 나의 설명 방법은 다음과 같다. 나는 특수한 실험 하나를 고안해, 먼저 그 실험을 입자로 했을 때 어떤 상황이 벌어질지 얘기하고, 이어서 파동으로 했을 때 어떤 상황이 벌어질지 얘기한 후, 마지막으로 계에 실제로 전자나 광자가 이

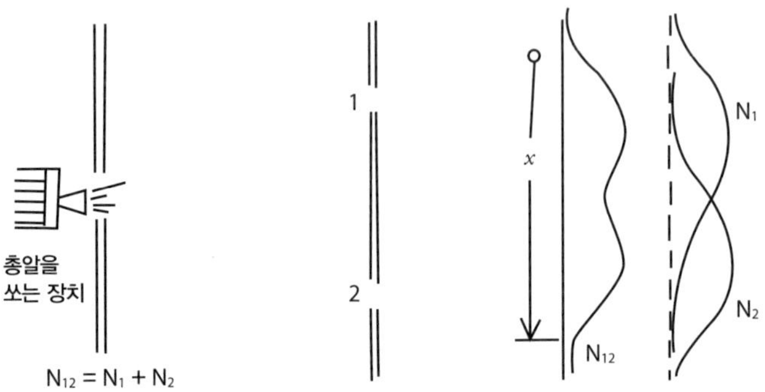

[그림 26] 총알을 가지고 한 양자역학적 상황을 나타내는 실험.

용될 경우 어떻게 되는지를 얘기할 것이다. 나는 양자역학의 모든 신비를 대변하도록 고안된 이 한 실험만을 논할 것이다. 이 실험을 통해서 당신은 자연의 역설과 신비와 특이함을 완벽하게 보게 될 것이다. 양자역학에 나타나는 임의의 다른 기이한 상황들을 당신은 다음과 같은 마음가짐으로 설명할 수 있다.

"구멍 둘이 있는 실험을 기억하고 있지? 그 실험과 같은 상황이야."

이제 구멍 둘이 있는 실험에 대해 이야기해보자. 그 실험은 일반적인 신비를 품고 있다. 나는 어떤 것도 피하지 않겠다. 나는 자연의 가장 아름답고 난해한 모습을 들춰내겠다.

[그림 26]에서처럼 총알들로 시작하자. 기관총과 같은 총알을 쏘는 장치가 있다고 하자. 그 앞에는 총알이 지나갈 수 있는 구멍이 한 개 있는 판이 있다. 이 판은 '장갑裝甲 판'이다. 그 판에서 멀

리 떨어진 곳에 구멍이 두 개 있는 두 번째 판이 있다. 이 판이 그 유명한 '두 구멍 판'이다. 앞으로 이 구멍들을 계속 언급하게 될 것이므로 그것들을 각각 1번 구멍, 2번 구멍이라고 부르겠다. 당신은 3차원의 둥근 구멍을 상상할 수 있을 것이다. 그림은 단지 단면만을 보여주고 있다. 다시 멀리 떨어진 곳에 일종의 벽처럼 막이 있다. 막의 여러 지점에는 검출기를 설치할 수 있다. 총알을 검출하기 위해서는 모래상자를 놓고 그곳에 박힌 총알을 세면 될 것이다. 나는 검출기, 즉 모래상자의 위치에 따라 얼마나 많은 총알들이 검출기로 들어오는가를 세는 실험을 하려고 한다. 나는 특정한 지점으로부터 상자까지의 거리를 측정하고 그 거리를 x라고 부를 것이다. 그리고 나는 x를 변화시킬 때 어떤 일이 일어나는지를 이야기할 것인데, 이는 곧 검출기를 위아래로 이동시키는 것을 의미한다. 우선 나는 실제로 총을 쏘는 상황을 세 가지 측면에서 수정하여 실험을 이상화하겠다. 첫째, 기관총이 매우 불안정하고 흔들려서 총알들이 정확히 앞으로가 아니라 여러 방향으로 날아갈 수 있다. 총알들은 장갑 판에 있는 구멍을 스치면서 굴절될 수도 있다. 둘째, 비록 그렇게 중요한 사항은 아니지만, 총알들은 모두 같은 속력 또는 에너지를 갖는다고 하자. 마지막으로, 실제 총알과 다른 가장 중요한 세 번째 이상화는 총알들이 절대로 부서지지 않아서, 우리가 상자에서 발견하는 것은 반이 부서진 납 조각이 아니라 완전한 총알 그대로라는 것이다. 파괴될 수 없을 정도로 단단한 총알과 부드러운 장갑 판을 상상하자.

총알과 관련해서 우리가 첫 번째로 언급할 점은, 벽에 도달하는 것들이 덩어리로 온다는 것이다. 에너지가 온다면, 그것은 한 방의 총알에 있는 에너지이다. 당신이 총알을 셀 때, 당신은 한 개, 두 개, 세 개로 센다. 총알은 덩어리들로 나타난다. 그 덩어리들은 모두 같은 크기라고 가정하였다. 한 덩어리가 상자 속으로 들어온다면, 그것은 온전히 상자 안에 있거나, 아니면 온전히 상자 안에 있지 않게 된다. 그뿐만 아니라 상자 둘을 놓았을 때—총을 쏘는 간격이 그다지 빠르지 않아서 내가 발사 간격을 충분히 확인할 수 있는 한—내가 두 상자에서 동시에 총알 두 개를 얻을 수는 결코 없다. 발사 간격을 매우 느리게 만들고, 두 상자를 재빠르게 관찰하면, 당신이 두 상자에서 동시에 두 개의 총알을 발견하는 일은 일어나지 않을 것이다. 왜냐하면 총알은 식별할 수 있는 단 하나의 덩어리이기 때문이다.

이제 내가 측정하려고 하는 것은 일정한 시간 동안 평균적으로 얼마나 많은 총알이 도착하는가이다. 한 시간을 기다린다고 하자. 얼마나 많은 총알이 모래상자에 있는가를 세어서 그 평균을 구해보자. 우리는 한 시간 동안 도착한 총알의 수를 알게 되는데, 그것을 도착 확률이라고 부를 수 있다. 왜냐하면 그것이 총알 하나가 실틈(구멍)을 통과하여 특정한 상자에 도착할 개연성을 나타내기 때문이다. 상자에 도착한 총알의 수는 물론 x를 바꿈에 따라 바뀌게 될 것이다. [그림 26]에서 나는 각 자리에 한 시간씩 상자를 놓았을 때 얻는 총알의 수를 수평 방향으로 나타냈다. 나는 곡선 N_{12}와 비슷한 곡선을 얻게 될 것이다. 왜냐하면 상자가 구멍 앞에 있을 때 많은 총알이 도달할 것이고, 상자가 조금 다른 위치에 있으면 총알이 구멍의 가장자리에서 굴절되어야 하기 때문에 바로 앞에 있을 때보다 적은 총알이 도달할 것이기 때문이다. 상자를 더 옮기면 결국 곡선은 사라진다. 실제 측정하여 얻은 곡선은 곡선 N_{12}와 비슷할 것이다. 두 구멍이 모두 열려 있을 때 한 시간 동안 얻는 총알의 수를 나는 N_{12}라고 부를 것이다. 그 명칭은 다만 1번 구멍과 2번 구멍을 통해 도착한 총알의 수라는 의미이다.

내가 그림으로 표현한 수는 덩어리로 나타나지 않는다는 사실을 지적할 필요가 있다. 나는 임의의 크기를 가진 수를 얻을 수 있다. 총알은 덩어리로 오지만, 측정된 총알의 수는 한 시간에 두 개 반이 될 수도 있다. 한 시간당 두 개 반이라는 말은, 만일 10시간 동안 총을 작동시키면 25개의 총알이 도착하여, 평균적으로 시간당 두 개 반이 도착한다는 의미이다. 미국의 가구당 평균 자녀 수가 두 명 반이라는 우스운 얘기에 여러분도 익숙하리라고 믿는다. 그 얘기가 어느 가정에 반 명의 어린이가 있음을 뜻하는 것은 아니다. 어린이는 덩어리로 있다. 그럼에도 불구하고 가구당 평균 자녀 수를 구하면, 그 수는 어떤 수든 가능하고, 마찬가지로 평균적으로 시간당 상자에 도착하는 총알의 수인 N_{12} 역시 정수일 필요가 없다. 우리가 측정하는 것은 도착 확률이다. 그것은 주어진 시간 동안 도착하는 수의 평균을 나타내는 전문용어이다.

끝으로, 곡선 N_{12}를 분석해보면, 그 곡선을 두 곡선의 합으로 매우 멋지게 해석할 수 있다. 그 두 곡선 중 하나는 2번 구멍을 막았을 때 1번 구멍만을 통해 나오는 수인 N_1이고, 다른 하나는 1번 구멍을 막았을 때 2번 구멍만을 통해 나오는 수인 N_2이다. 이제 우리는 다음과 같은 매우 중요한 법칙을 발견하게 된다. 두 구멍이 열렸을 때 도착한 수는 1번 구멍을 통해 도착한 수에다 2번 구멍을 통해 도착한 수를 더한 것이다. 이 명제를, 즉 우리가 단지 더하기만 하면 결과를 알 수 있다는 사실을 나는 '간섭 없음'이라고 부른다.

$$N_{12} = N_1 + N_2 \text{(간섭 없음)}$$

이제까지는 총알의 경우였다. 이번에는 총알에서 했던 것을 [그림 27]처럼 물결로 다시 시작해보자. 물 속에서 위아래로 흔들리는 커다란 질량의 물체를 파원波源으로 삼자. 장갑 판은 틈이 있는 긴 둑이나 방파제가 된다. 아마도 거대한 대양의 파도보다는 잔물결로 실험하는 것이 더 나을 것이다. 그것이 더 합리적일 것이다. 나는 파동을 만들기 위해 손가락을 위아래로 흔들고, 잔물결이 통과할 수 있는 구멍이 있는 작은 나무토막을 장벽으로 쓴다. 이어서 두 번째 장벽으로 구멍이 둘 있는 나무토막을 놓고, 마지막으로 검출기를 놓는다. 검출기로 무엇을 하는 것일까? 검출기는 물이 얼마나 많이 흔들리는지 측정한다. 예를 들어 물에

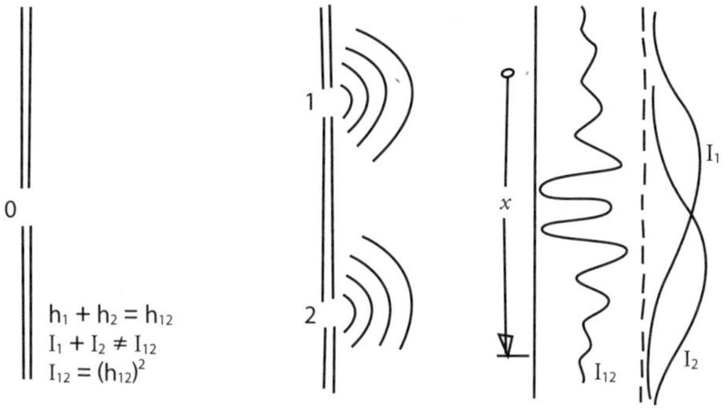

[그림 27] 물결을 가지고 한 양자역학적 상황을 나타내는 실험.

코르크를 띄워 그것이 얼마나 위아래로 움직이는가를 측정할 수 있다. 사실 측정하는 것은 코르크 흔들림의 에너지인데, 그것은 파동에 의해 전달된 에너지에 정확히 비례한다. 한 가지 더 지켜야 할 조건이 있다. 흔들림은 매우 규칙적이고 완벽해서 파동들 사이의 간격은 일정하다. 물결에서 중요한 것은 우리가 어떤 크기라도 잴 수 있다는 것이다. 우리는 파동의 세기 또는 코르크에서의 에너지를 잰다. 만약 손가락을 조금만 흔들어 파동이 아주 잔잔하다면, 코르크는 매우 조금만 운동할 것이다. 그러나 파동의 크기가 얼마이든지, 그 크기는 손가락의 움직임에 비례한다. 파동은 어떤 크기도 가질 수 있다. 파동은 덩어리로 나타나지 않는다. 그것은 완전히 있거나 아니면 완전히 없는 종류의 것이 아니다.

우리가 측정하려고 하는 것은 파동의 세기, 정확히 말하면 한 점에서 파동이 만들어내는 에너지이다. 그 세기를 잰다면 어떤 결과가 나올까? 나는 그 세기가 어떤 종류의 알갱이 수가 아니라 세기임을 상기시키기 위해 그 세기를 I라고 부르겠다. [그림 27]에서 구멍 둘을 열었을 때 파동의 세기 곡선 I_{12}를 볼 수 있다. 그것은 복잡하게 보이는 흥미로운 곡선이다. 우리가 검출기의 위치를 바꿔가면서 세기를 측정하면, 세기는 독특한 방식으로 매우 빠르게 바뀐다. 아마도 여러분은 왜 그런지 잘 알고 있을 것이다. 이유는 다음과 같다. 1번 구멍에서 나오는 잔물결에 물마루와 골이 있고, 2번 구멍에서 나오는 잔물결에도 물마루와 골이 있기 때문이다. 만일 우리가 정확히 두 구멍 사이의 중간 지점에 있다면, 두 파동이 동시에 도착하게 되어 물마루끼리 만나게 되므로 큰 흔들림이 일어날 것이다. 그러므로 우리는 정확히 중간 지점에서 가장 큰 흔들림을 얻을 수 있다. 반면에 검출기를 1번 구멍보다 2번 구멍에서 더 먼 곳으로 이동시킨다면, 1에서 오는 것보다 2에서 오는 파동이 좀더 오래 걸리게 된다. 1에서 오는 물마루가 도착할 때 2로부터 오는 물마루는 아직 도착하지 못한다. 그래서 두 구멍으로부터 온 파동이, 즉 1에서 오는 물마루와 2에서 오는 골이 만나면, 하나는 물을 위로 움직이려 하고 다른 하나는 아래로 움직이려 하므로 결론적으로 물은 거의 움직이지 않게 된다. 그러므로 그 자리에서는 물이 거의 솟아오르지 않는다. 이어서 우리가 검출기를 더 많이 이동시켜서 두 구멍에서 온 파동의 물마루가 다시 함께 도착할 정도로 거리 차이가 생기도록 만들어 보자. 비록 한 파동의 물마루가 다른 것의 물마루와 똑같은 것이 아니라 한 파장만큼 늦은 것이지만, 그래도 다시 커다란 물마루를 얻게 된다. 이렇게 계속 검출기의 자리를 옮김에 따라 파동의 물마루는 다시 커지고, 작아지고, 커지고, 작아지기를 반복한다. 이는 물마루와 골이 '간섭'하는 방식에 의해 결정된다. 간섭이란 단어 역시 과학에서 재미있는 의미로 쓰인다. 두 파동이 겹쳐져 세기가 더 커지면, 이른바 보강간섭이 일어난 것이다. 여기서 중요한 것은 I_{12}가 I_1에다 I_2를 더한 것과 같지 않다는 것이다. 우리는 I_{12}에서 보강간섭 및 상쇄간섭이 일어났다고 말한다. 우리는 I_1을 알기 위해 2번 구멍을 닫고, I_2를 알기 위해 1번 구멍을 닫아서, I_1과 I_2가 각각 어떤 모습인지 알아낼 수 있다. 구멍 하나를 닫아서 구한 세기는 단순히 한 구멍에서 온 파동으로 간섭이 없다. [그림 27]에서 그 곡선을 볼 수 있다. 여러분은 I_1은 N_1과 같고 I_2는 N_2와 같지만, I_{12}는 N_{12}와 아주 다르다는 것을 확인할 수 있다.

사실상 곡선 N_{12}의 수학은 매우 흥미롭다. h를 물의 높이라고 하자. 실제로 두 구멍을 다 열었을 때의 물의 높이 h_{12}는 1번 구멍만 열었을 때 얻은 높이 h_1과 2번 구멍만 열었을 때 얻은 높이 h_2를 합한 것과 같다. 그러므로 2번 구멍에서 온 파동이 골이라면, 2번 구멍에 의한 높이는 음의 값이 되어 1번 구멍에 의한 높이와 상쇄된다. 이 상황을 물의 높이를 기준으로 얘기할 수도 있지만, 실제로 파동의 세기는 물의 높이가 아니라 물의 높이의 제곱에 비례한다. 우리가 이렇게 매우 흥미로운 곡선들을 얻는 이유는 제곱들을 다루고 있기 때문이다.

$$h_{12} = h_1 + h_2$$

그러나

$$I_{12} \neq I_1 + I_2 \text{ (간섭)}$$

$$I_{12} = (h_{12})^2,$$

$$I_1 = (h_1)^2$$

$$I_2 = (h_2)^2$$

여기까지는 물에 관한 얘기였다. 이번에는 전자를 가지고 다시 얘기해보자([그림 28]).

전자가 방출되는 원천(전원)은 필라멘트이다. 장벽은 텅스텐 판이다. 텅스텐 판에 구멍이 있다. 필라멘트에서 나오는 에너지가 아무리 작다 하더라도 도착하는 전자의 전하를 검출할 수 있는 민감한 전기장치를 검출기로 쓰자. 원한다면 전자 대신에 광자를 이용하고 텅스텐 판 대신에 검은 종이를 장벽으로 쓸 수 있다. 그러나 사실 검은 종이는 섬유질이기 때문에 깨끗한 구멍을 만들기에 좋지 않다. 그러므로 무언가 다른 장벽을 쓰는 것이 더 나을 것이다. 또한 검출기로는 도착하는 개별 광자도 감지할 수 있는 광전 배증관을 쓰는 것이 좋다. 광자를 이용할 경우에도 사정은 동일하므로 나는 전자의 경우만을 논의하겠다.

첫째, 우리가 충분히 강력한 증폭기를 연결한 전기 검출기에서 받는 것은 '딸깍' 하는 개별적인 신호음이다. 즉 완전한 낱개의 덩어리이다. 그 소리는 특정한 크기를 가지고 있고 항상 같은 크기

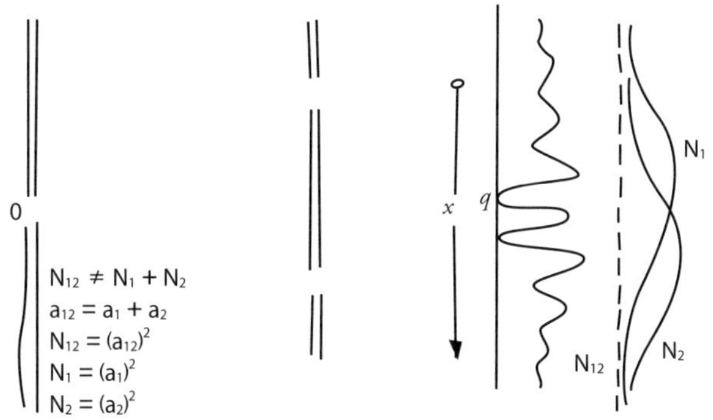

[그림 28] 전자를 가지고 한 양자역학적 상황을 나타내는 실험.

이다. 전원을 좀더 약하게 하면, 딸깍 소리의 간격은 벌어지게 되지만 크기는 같다. 전원을 더 강하게 하면, 소리들의 간격이 너무 좁아져 증폭기가 망가진다. 그러므로 전원을 충분히 낮추어 검출기로 쓰는 장치에 너무 많은 딸깍 소리가 나지 않게 해야만 한다. 둘째, 다른 곳에 또 다른 검출기를 놓고 듣는다 해도, 동시에 두 곳에서 딸깍 하는 소리를 듣지는 못할 것이다. 적어도 전원이 충분히 약하고, 당신이 시간을 충분히 정밀하게 분별한다면 그렇다. 전원의 세기를 줄여서, 전자들이 드물게 긴 간격으로 오도록 만들면, 그들은 결코 한꺼번에 두 검출기에서 딸깍 소리를 내지 못한다. 이것은 다가오는 것이 낱개의 덩어리로 온다는 것을 뜻한다. 그 덩어리는 명확한 크기를 갖고, 한 번에 한 곳에만 있을 수 있다. 좋다, 전자 혹은 광자는 덩어리로 나타난다. 그러므로 총알에서 했던 것과 마찬가지로 도착 확률을 측정할 수 있다.

검출기를 이리저리 옮기면서 실험해보자. 비용이 많이 드는 것을 감수할 수 있다면, 검출기들을 동시에 여러 곳에 놓고 한꺼번에 전체 곡선을 만들 수도 있다. 하지만 우리는 각각의 곳에 한 시간 동안 검출기를 놓고 얼마나 많은 전자들이 왔는가를 측정하고, 그것을 평균하기로 하자. 도착한 전자들의 수가 어떻게 나올까? 총알 실험에서의 N_{12}와 같은 종류의 곡선일까? [그림 28]에서 전자 실험의 N_{12}를 볼 수 있다. 그 곡선은 구멍들을 다 열고 얻은 것이다. 도착한 전자들의 수를 측정하여 얻은 곡선은 파동의 간섭에서 얻어지는 곡선과 같다. 이것은 자연 현상이다. 자연이 만든 이 곡선은 무엇을 나타내는가? 이 곡선은 파동의 에너지가 아니라 전자 낱알들 가운데 하나가 도착할 확률을 나타낸다.

관련된 수학은 간단하다. I를 N으로 바꾸자. 그렇다면 h를 높이가 아닌 새로운 어떤 것으로 바꿔야만 하는데, 그것을 확률진폭이라 부르고 a로 표기하자. 확률진폭이 무엇을 의미하는지 우리는 아직 모른다. 이 경우에 a_1은 1번 구멍에서 도착한 확률진폭이고, a_2는 2번 구멍에서 도착한 확률진폭이다. 검출기에 도착하는 총 확률진폭을 얻기 위해 둘을 함께 더하고 그것을 제곱한다. 이것은 파동에서 했던 일을 그대로 모방한 것이다. 지금 우리는 같은 곡선을 얻기 위해서 같은 수학을 이용하는 것이다.

하지만 나는 한 지점에서 간섭을 검토해보아야 한다. 구멍 가운데 하나를 닫는다면 무슨 일이 일어나는지에 대해서도 아직 얘기하지 않았다. 전자들이 한 구멍을 통해서 아니면 다른 구멍을 통해서 온다는 가정하에 이 흥미로운 곡선을 분석해보도록 하자. 구멍 하나를 막고 1번 구멍을 통해 얼마나 많은 전자가 오는가를 측정하면 간단한 곡선 N_1을 얻을 수 있다. 한편 1번 구멍을 닫고 2번 구멍을 통해 얼마나 많은 전자가 오는가를 측정하면 N_2 곡선을 얻는다. 그러나 두 구멍을 열었을 때의 결과는 $N_1 + N_2$와 같지 않다. 간섭이 일어나는 것이다. 실제로 수학적으로 분석해보면, 그 자체로 둘의 합인 어떤 진폭의 제곱이 도착확률이다. 즉 $N_{12} = (a_1 + a_2)^2$이다. 이제 의문은 다음과 같다. 전자들이 1번 구멍을 통과하면 한 가지 방법으로 분산되고, 2번 구멍을 통과하면 또 다른 방법으로 분산되는데, 두 구멍 모두를 열었을 때는 두 분산을 합한 결과를 얻지 못한다니, 도대체 어떻게 그럴 수 있는가? 예를 들어 구멍 둘을 열고 점 q에 검출기를 놓으면, 나는 실질적으로 아무것도 얻지 못한다. 그러나 구멍 가운데 하나를 막는다면 많은 전자를, 다른 구멍으로 바꾸어 막는다면 적당한 양의 전자를 얻게 된다. 하지만 두 구멍을 모두 열어놓으면 아무것도 얻지 못한다. 나는 두 구멍을 통해서 오라고 길을 열어주었는데, 그들은 더 이상 오지 않는다. 이번에는 중간 지점을 생각해보자. 당신은 그 지점의 높이가 한 구멍을 열었을 때 나오는 곡선 두 개의 합보다 더 높게 나타남을 볼 수 있다. 당신은 이 현상을 설명하기 위해 갖가지 상상을 동원할지도 모른다. 전자들이 어떤 식으로든 구멍을 여러 번 왕복하거나, 무언가 복잡한 행동을 하거나, 아니면 반으로 나뉘어 두 구멍 모두를 통과하거나, 또는 그

총알	물결	전자(광자)
낱알로 온다	어떤 크기도 가질 수 있다	낱알로 온다
도착확률 측정 $N_{12} = N_1 + N_2$ 간섭 없음	파동의 세기 측정 $I_{12} \neq I_1 + I_2$ 간섭 있음	도착확률 측정 $N_{12} \neq N_1 + N_2$ 간섭 있음

[표 2] 총알, 물결, 전자를 가지고 한 양자역학적 상황을 나타낸 실험 결과.

런 이상한 무언가를 한다고 생각할지도 모른다. 어쨌든 아무도 만족스러운 설명을 하는 데 성공하지는 못했다. 왜냐하면 최종적인 수학이 너무나 간단하고 곡선 또한 [그림 28]처럼 단순하기 때문이다.

이제 요약해서 다음과 같이 말할 수 있다. 전자들은 알갱이같이 낱알로 도착하지만 이들의 도착확률은 파동의 세기처럼 결정된다. 이러한 의미에서 전자는 때로는 알갱이와 같이 행동하고 때로는 파동과 같이 행동한다. [표 2]에서처럼 전자는 동시에 두 가지 다른 방식으로 행동한다.

이 강의의 핵심은 여기까지다. 나는 어떤 주어진 환경에서 전자들의 도착확률을 이해하는 수학적 공식을 제시할 수도 있다. 그렇게 하면 원리적으로 강의를 마감할 수 있을 것이다. 하지만 자연이 그런 방식으로 작동한다는 사실과 관련된 많은 미묘한 사항들이 보충될 필요가 있다. 자명하지 않고 특이한 수많은 현상들이 있는데, 나는 그들 중 몇 가지를 논하고자 한다.

신비로운 현상들을 논의하기 위하여, 전자들이 낱알이라고 생각할 때 합리적으로 여겨지는 한 명제를 출발점으로 삼자. 날아오는 전자는 항상 하나의 완전한 낱알이므로, 전자가 1번 구멍을 통과하거나 아니면 2번 구멍을 통과한다고 가정하는 것이 합리적이다. 그것이 한 개의 낱알인 이상, 다른 어떤 방법으로 구멍을 통과할 수는 없다는 것이 매우 명백해 보인다. 나는 이 명제를 논의하려 하므로, 이 명제를 [명제 A]라고 부르겠다.

[명제 A] 하나의 전자는 1번 구멍을 통과하거나 아니면 2번 구멍을 통과한다.

그런데 우리는 이미 [명제 A]에 대해서 조금 논의하였다. 하나의 전자가 1번 구멍을 통과하거나 아니면 2번 구멍을 통과한다는 것이 참이라면, 도착한 전자의 총수는 두 기여의 합으로 해석되어야만 할 것이다. 도착한 총수는 1번 구멍을 지나온 수에다 2번 구멍을 지나온 수를 더한 값이 될 것이다. 그러나 측정된 곡선은 이렇게 말끔하게 두 개의 합으로 분석될 수 없으므로, 그리고 어느 쪽 한 구멍만 열었을 때 도착하는 전자의 수를 측정하는 실험을 토대로 총합이 두 부분의 합이라는 결과를 얻을 수는 없으므로, 우리는 당연히 위의 명제가 옳지 않다는 결론을 내려야만 한다. 전자가 1번 구멍을 지나온 것도 2번 구멍을 지나온 것도 아니라면, 어쩌면 그것은 순간적으로 둘로 나뉘었는지도 모른다. 그래서 [명제 A]는 오류이다. 그러나 이것은 논리적인 추론에 불과하다. 불행히도, 혹은 다행히도 우리는 실험을 통해 논리를 검증할 수 있다. 전자들이 1번 구멍이나 2번 구멍 하나를 지나오는지, 혹은 그들이 일시적으로 나뉘는지 등의 방법으로 두 구멍을 다 지나오는지 우리는 밝혀내야만 한다.

이때 해야 할 일은 관찰하는 것뿐이다. 관찰하기 위해서는 빛이 필요하다. 그러므로 구멍 뒤에 매우 강한 광원을 두자. 빛은 전자들에 의해 산란되어 튕겨나간다. 그러므로 빛이 충분히 강하다면 지나가는 전자들을 볼 수 있을 것이다. 이제 차분히 앉아서 지켜보자. 전자가 검출기에 검출되는 그 순간 혹은 그 직전에 1번 구멍 뒤에서 섬광이 번쩍일지, 아니면 2번 구멍 뒤에서 번쩍일지, 아니면 동시에 양쪽에서 절반의 섬광이 번쩍일지 살펴보자. 우리는 지금 관찰을 통해서 무슨 일이 일어나는지 알아내고자 한다. 우리는 광원을 켜고 살펴본다. 그런데 이럴 수가, 검출기에서 전자가 검출될 때마다 두 구멍 중 하나 뒤에서 섬광이 일어난다. 여기서 발견한 것은, 우리가 보고 있는 동안 전자는 백퍼센트 1번 구멍이나 2번 구멍 중 하나를 통해 나온다는 것이다. 이것은 역설이다!

자연이 진실을 고백하도록 좀더 추궁해보기로 하자. 이번에 우리가 계획하는 것은 다음과 같다. 우리는 빛을 계속 켜놓고 지켜보면서 얼마나 많은 전자들이 지나가는가를 세어볼 것이다. 우리는 기록표에 두 칸을 만들어서 한 칸에는 1번 구멍을 통과해 검출기에 도착한 전자들을 표시하고, 다른 칸에는 2번 구멍을 통과해 검출기에 도착한 전자들을 표시할 것이다. 검출기를 여러 위치로 옮기면서 측정했을 때 1번 구멍을 통과해 도착한 전자들의 수는 어떻게 나타날까? 내가 1번 구멍 뒤에서 지켜본다면 무엇을 보게 될까? 나는 [그림 28]의 곡선 N_1을 보게 된다. 그 칸에 그려진 분포는 예상했던 대로 2번 구멍을 닫았을 때와 마찬가지로 분포되었다. 그것은 우리가 지켜보든 안 보든 상관이 없다. 만일 우리가 2번 구멍을 닫는다면, 마치 1번 구멍을 지켜보고 있을 때와 마찬가지의 분포를 얻는다. 마찬가지로 2번 구멍을 통해 도착한 전자의 수도 단순한 곡선 N_2가 된다. 그런데 이제 생각해보라. 도착한 총수는 총수가 되어야만 한다. 그것은 수 N_1에다 수 N_2를 더한 것이 되어야만 한다. 왜냐하면 지나온 각각의 전자는 1번 칸이나 2번 칸에 표시되었기 때문이다. 도착한 총수는 절대적으로 이들 둘의 합이 되어야만 한다. 그것은 $N_1 + N_2$처럼 분포해야만 한다. 그러나 그것의 분포가 곡선 N_{12}가 된다고 나는 얘기했다. 그러나 아니다. 그렇지 않다. 그것의 분포는 $N_1 + N_2$이다. 물론 실제로 그렇다. 그래야만 하고 또 그렇다. 이제 우리가 빛을 비출 때의 결과들을 프라임 기호로 표시한다면, N_1'은 빛이 없을 때 사실상 N_1과 같고, N_2'은 사실상 N_2와 같은 것을 알게 된다. 그러나 빛이 켜져 있고 구멍들이 열려 있을 때 우리가 보는 수 N_{12}'은, 1번 구멍을 통해 본 수에다 2번 구멍을 통해 본 수를 더한 것과 같다. 빛이 켜져 있다면 우리는 이런 결과를 얻는다. 빛을 켜느

냐 켜지 않느냐에 따라 대답이 달라지는 것이다. 빛을 켠다면 분포는 곡선 $N_1 + N_2$가 된다. 빛을 끈다면 분포는 N_{12}가 된다. 빛을 켜면 다시 $N_1 + N_2$가 된다. 당신도 알겠지만, 자연이 난처한 입장에 처한 상황이다. 그러므로 우리는 빛이 결과에 영향을 미친다고 말할 수 있다. 빛이 켜져 있다면, 꺼져 있을 때의 답과는 다른 것을 얻게 된다. 빛이 전자들의 행동에 영향을 미친다고 말할 수도 있다. 당신이 실험을 통해 전자들의 운동에 대해 이야기한다면—그것은 조금은 부정확한 이야기이다—당신은 빛이 전자의 운동에 영향을 미쳐 최댓값에 도착했어야 할 전자들이 빛에 의해 약간 굴절되어 최솟값에 도착하게 되었고, 그래서 곡선이 완만해져 단순한 $N_1 + N_2$ 곡선이 만들어졌다고 말할 수 있다.

전자는 매우 예민하다. 당신이 야구공을 보면서 빛을 비추면, 그 빛은 어떤 차이도 생기게 하지 않아 공은 여전히 같은 길로 가게 될 것이다. 그러나 전자에 빛을 비추면 빛이 전자에 부딪혀 전자의 행동이 달라질 것이다. 왜냐하면 당신이 빛을 비추었고, 빛은 충분히 강하기 때문이다. 우리가 빛을 아주 약하게 비추고, 희미한 빛을 감지할 수 있는 검출기를 이용해 희미한 상태에서 관찰한다고 해보자. 빛을 점점 약하게 한다면, 그 매우 약한 빛이 전자에 영향을 미쳐 N_{12}에서 $N_1 + N_2$로 완전하게 패턴이 바뀐다고 기대할 수는 없다. 빛이 점점 약해지면 결국 아무 빛도 없는 것과 같은 상태에 다가가야 할 것이다. 그렇다면 한 곡선이 어떻게 다른 곡선으로 변하는 것일까? 물론 빛은 물결과는 다르다.

빛은 알갱이 같은 특성도 가지고 있어서 광자라고도 불린다. 빛의 세기를 줄인다는 것은 빛의 영향을 감소시키는 것이 아니라, 광원으로부터 나오는 광자의 수를 줄이는 것이다. 빛의 세기를 줄이면 점점 더 적은 광자가 나온다. 하나의 전자로 산란시킬 수 있는 것은 최소한 하나의 광자이고, 만일 광자의 수가 너무 적다면, 어떤 전자는 광자를 만나지 않고 그대로 통과할 것이고 그 경우 산란을 볼 수 없을 것이다. 그러므로 빛이 매우 약하다는 것은 교란이 적다는 것을 뜻하는 것이 아니라, 단지 광자의 수가 적다는 것을 의미한다. 결과적으로 매우 약한 빛을 이용할 경우, 우리는 기록표에 '관찰되지 않음'이라는 항목으로 한 칸을 더 만들어야 한다. 빛이 매우 강하다면, 그 세 번째 칸에는 표시할 것이 거의 없고, 매우 약하다면 대부분이 그 칸에 기록될 것이다. 그러므로 1번 구멍, 2번 구멍, 그리고 '관찰되지 않음'의 세 칸이 있다. 이제 무슨 일이 일어날지 당신도 추측할 수 있을 것이다. 내가 본 것들은 곡선 $N_1 + N_2$에 따라 분포한다. 내가 보지 못한 것들은 곡선 N_{12}에 따라 분포한다. 빛을 점점 약하게 하면, 나는 더 적게 보게 되고, 더욱더 많은 부분을 못 보게 된다. 어떤 경우에든 실험적으로 얻어지는 실제 곡선은 두 곡선의 혼합이고, 빛이 약해짐에 따라 연속적으로 점점 N_{12}에 가까워진다.

전자가 어느 구멍으로 지나가는가를 알아내기 위해 제안된 다른 많은 방법들을 여기에서 논의할 수는 없다. 그러나 어느 방법을 쓰든 항상 변하지 않는 사실은, 빛을 어떻게 배치하든 전자들이 도착하는 분포를 교란시키지 않으면서, 즉 간섭을 파괴하지 않으면서 전자가 어느 구멍으로 지나가는가를 말하는 것은 불가능하다는 것이다. 빛뿐만 아니라 무엇을 이용하든 그렇게 하는 것은 원리적으로 불가능하다. 원한다면 전자가 어느 구멍으로 지나가는가를 알아내는 많은 방법들을 창안할 수 있다. 그 방법들을 쓰면 전자가 이 구멍 혹은 저 구멍으로 지나간다는 것이 밝혀진다. 그러나 만일 당신이 그 장치가 전자 운동을 방해하지 않도록 만들고자 한다면, 당신은 전자가 어느 구멍으로 지나가는가를 더 이상 말할 수 없고 다시 복잡한 결과에 도달하게 된다.

하이젠베르크는 양자역학의 법칙들을 발견했을 때, 그가 발견한 자연의 새로운 법칙들이 타당하려면 우리의 실험 능력에 과거에는 인정되지 않은 근본적인 한계가 있어야 한다는 것을 깨달았다. 다시 말해서 당신은 원하는 만큼 정밀한 실험을 할 수 없다. 하이젠베르크는 불확정성 원리를 주장했다. 여기서 우리 자신의 실험을 통해 얘기한다면, 그 원리는 다음과 같다(그는 그것을 다른 방법으로 설명했지만, 그 설명은 이 설명과 정확히 동등하고, 그래서 하나에서 다른 것으로 이행할 수 있다).

"어느 구멍으로 전자가 지나가는지를 확인하기 위한 장치를 만들되, 전자를 교란하여 간섭무늬를 파괴하지 않는 어떤 장치를 만드는 것은 불가능하다."

아무도 이 문제를 피해가는 방법을 찾지 못했다. 여러분은 전자가 어느 구멍으로 지나가는가를 검출할 방법을 창안하기로 마음먹었을지도 모른다. 그러나 당신의 창안품들 각각을 주의 깊게 분석한다면, 어딘가 문제가 있음을 알게 될 것이다. 당신은 전자를 교란하지 않는 장치를 만들 수 있을 것이라고 생각할지도 모른다. 그러나 항상 문제가 생김이 밝혀졌다. 그래서 어느 구멍으로 전자가 나오는가를 확인하기 위해 이용한 장치가 일으킨 교란 때문에 분포 곡선이 항상 바뀌게 된다.

이것이 자연의 기본적인 특성이며, 모든 것에 대하여 무언가 얘기해준다. 내일 예를 들어 케이온kaon과 같은 새로운 알갱이가 발견된다면—실제로 케이온은 이미 발견된 입자이지만, 우리의 논의에서는 편의상 이름을 그렇게 붙이자—그리고 내가 어느 구멍으로 전자가 지나가는가를 확인하기 위해 전자들과 상호작용하도록 케이온을 이용한다면, 나는 새 알갱이의 행동에 대하여 실험 이전에도—희망하건대—이미 충분히 알고 있다. 케이온은 전자를 교란시켜 간섭에서 아무 간섭 없는 것으로 분포를 바꾸게 하지 않으면서 동시에 어느 구멍으로 전자가 갈 것인가를 이야기해줄 수 있는 그런 종류의 입자가 아니다. 그러므로 불확정성 원리는 알려지지 않은 대상들의 많은 특성을 미리 추측하는 일반원리로 이용될 수 있다. 그들은 그들의 있음직한 특성에 제한을 받게 된다.

"전자는 한 구멍이나 다른 구멍으로 지나가야만 한다."라는 [명제 A]로 돌아가자. 이 명제는 참인가, 거짓인가? 물리학자들은 존재하는 함정을 피하는 방법을 알고 있다. 그들은 다음과 같이 생각의 규칙들을 만든다. 당신이 어느 구멍으로 전자가 지나가는가를 이야기할 수 있는 장치를 가지고 있다면(이런 장치를 가질 수 있다), 당신은 전자가 한 구멍이나 다른 구멍으로 간다고 말할 수 있다. 정말로 그렇다. 지켜보면 전자는 항상 한 구멍이나 다른 구멍으로 지나간다. 그러나 당신에게 어느 구멍으로 가는가를 결정할 아무런 장치가 없다면, 전자가 한 구멍이나 다른 구멍으로 지니간디고 말할 수 없다(생각하기를 먼추고 말만 해버리는 것은 항상 가능하다. 그러나 물리학자들은 생각을 멈추기보다는 말을 안 하는 것을 선택한다). 여러분이 지켜보고 있지 않을 때 전자가 한 구멍이나 다른 구멍으로 지나갈 것이라고 결론짓는 것은 잘못된 예측을 내놓는 것이다. 이 상황을 이해하는 것은, 우리가 자연을 해석하기 위해서 논리적인 외줄타기를 하는 것과 비슷하다.

내가 이야기하고 있는 명제는 일반적이다. 이것은 단지 두 구멍에 대한 것이 아니라 그런 방식으로도 표현될 수 있는 일반적인 명제이다. 어떤 이상 실험—관련된 모든 것들이 최선의 것인 실험—에서 특정 사건의 확률은 무언가의 제곱인데, 이 경우 나는 그 무언가를 확률진폭 a라고 명명한다. 사건이 여러 다른 방법으로 일어날 수 있을 때에는, 다양한 다른 것의 확률진폭 a들의 합이 a값이 된다. 어느 방법을 선택할 것인가를 결정할 수 있는 실험이 수행된다면, 사건의 확률은 변한다. 이 경우 확률진폭은 다른 것 각각에 대한 확률의 합이 된다. 즉 간섭이 사라진다.

이제 문제는 실제로 이런 일이 어떻게 일어나고 있는가이다.

어떤 작동원리에 의해서 이런 일이 일어날까? 작동원리를 아는 사람은 아무도 없다. 아무도 이 현상에 대해 내가 한 것보다 더 깊은 설명을 할 수는 없다. 즉 그 현상을 기술하는 것 이상의 일을 할 수는 없다. 간섭무늬를 파괴시키지 않으면서 전자가 어느 구멍으로 갈 것인가를 이야기하는 것이 불가능하다는 것을 더 많은 예를 통해 보여줄 수 있다는 의미에서 폭넓은 설명을 하는 것은 가능할 수 있다. 두 실틈 간섭 실험보다 더 폭넓은 종류의 실험들을 제시할 수 있다. 그러나 그런 설명은 같은 짓을 반복하는 것에 불과하다. 설명은 더 깊어지지 못한다. 단지 더 넓어질 뿐이다. 수학을 보다 정확하게 다듬을 수도 있다. 이를테면 실수 대신에 복소수를 써야 한다는 것과, 핵심 개념과는 관계없는 다른 작은 점들을 언급하면서 수학을 개량할 수 있다. 그렇지만 깊은 신비는 내가 이미 설명한 것이 전부다. 더 깊이 갈 수 있는 사람은 오늘날 아무도 없다.

우리가 지금까지 계산한 것은 전자 하나의 도착확률이다. 이제 문제는 개별 전자가 실제로 어디에 도착하는지를 확인하는 방법이 있는가이다. 우리는 물론 상황이 매우 복잡할 때 가능성을 계산하는 확률 이론의 사용을 꺼리지 않는다. 우리는 주사위를 공중에 던진다. 여러 저항이 작용하고 원자들이 작용하고 복잡한 일들이 일어나기 때문에 우리는 정확한 예측을 할 수 있을 만큼 충분한 세부 정보를 알지 못한다. 우리는 기꺼이 그렇게 되기를 바란다. 그래서 우리는 이 일이 일어나거나 저 일이 일어날 가능성을 계산한다. 그러나 우리가 지금 제안하는 것은, 모든 것들의 배후에 확률이 있다는 것이다. 물리학의 근본법칙들 속에 가능성이 있다는 것이다.

내가 실험장치를 꾸며서 빛을 끈 상태에서 간섭 상황을 얻었다고 해보자. 이때 나는 빛을 켠다 해도 어느 구멍으로 전자가 갈 것인가를 예측할 수는 없다. 나는 내가 그것을 볼 때마다 그것이 한 구멍 또는 다른 구멍에 있을 것이라는 것을 알 뿐이다. 어느 구멍에 그것이 있을 것인가를 미리 예측할 방법은 전혀 없다. 달리 말해서 미래는 예측할 수 없다. 어떤 방법으로도, 시간적으로 앞서는 어떤 정보로부터도 전자가 어느 구멍으로 갈지를 또는 어느 구멍 뒤에서 그것을 볼 수 있을지를 예측하는 것은 불가능하다. 모든 사람들이 생각했던 것처럼 물리학의 원래 목표가 주어진 상황에서 다음에 무엇이 일어날 것인가를 예측할 수 있을 만큼 충분히 아는 것이라면, 어떤 의미에서 물리학은 목표를 포기해야 한다고 할 수 있다. 이런 상황이 있다고 생각해보자. 전원, 강한 광원, 그리고 구멍이 두 개 뚫린 텅스텐 판이 있다. 당신은 어느 구멍 뒤에서 전자를 보게 될지 나에게 말할 수 있겠는가? 당신은 말할 수 없다. 이와 관련해서 당신이 주장할 수 있는 한 가지 이론은 다음과 같다. 전자를 어느 구멍을 통해 보게 될지 말할 수 없는 이유는, 저 뒤에 있는 전원 속에 매우 복잡한 어떤 장치들이 있어서 전자의 진로를 결정하기 때문이다. 진로는 주사위처럼 50 대 50 확률로 무작위하게 결정된다. 물리학은 이렇듯 불완전한 것이다. 물리학이 충분히 완전하다면, 전자가 어느 구멍을 통해 지나갈지를 예측할 수 있을 것이다. 이 이론은 숨은 변수 이론hidden variable theory이라고 부른다. 이 이론은 참일 수가 없다. 우리가 예측할 수 없는 것은 세부적인 지식이 부족해서가 아니다.

빛을 켜지 않는다면 간섭무늬를 얻게 된다고 나는 말했다. 내가 간섭무늬를 얻었다면, 전자가 1번 구멍이나 2번 구멍을 지나간다고 말하는 것으로 그것을 분석하는 것은 불가능하다. 왜냐하면 간섭 곡선은 매우 단순하고 수학적으로 다른 두 곡선의 합과는 완전히 다르기 때문이다. 만약 빛이 켜진 상태에서 전자가 어느 구멍을 통해 갈 것인가 결정하는 것이 가능했다면, 이때 빛을 켜거나 끄는 것은 결과와 아무 관계가 없다. 전원이 무엇이든, 그리고 1번 구멍으로 가는지 2번 구멍으로 가는지 얘기해주는 장치가 무엇이든, 우리는 빛을 끄고도 관측할 수 있고, 따라서 빛을 끄고도 전자가 두 구멍 중 어느 것을 지날지 말할 수 있을 것이다. 그러나 이렇게 할 수 있다면, 결과 곡선은 1번 구멍을 지나가는 것과 2번 구멍을 지나가는 것들의 합으로 나타나야만 한다. 그러나 그렇지 않다. 따라서 빛이 꺼져 있든 켜져 있든 상관없이, 간섭을 만들어낼 수 있는 실험장치를 했을 때 어느 구멍으로 전자가 지나갈 것인가에 대하여 미리 정보를 갖는 것이 불가능해야만 한다. 자연이 내부에 확률을 갖고 있는 듯이 나타나는 것은 자연의 내적인 비밀을 우리가 몰라서가 아니다. 확률은 자연에 내

재되어 있는 듯하다. 누군가는 이렇게 말하기도 했다.

"전자가 어느 길로 갈 것인가는 자연 자신조차도 모른다."

어느 철학자는 "같은 조건은 항상 같은 결과를 가져온다는 것이 과학의 존재 자체에 필수적이다."라고 말했다. 그러나 그렇지 않다. 당신이 매번 같은 조건으로 환경을 만든다 해도, 어느 구멍 뒤에서 전자를 볼 수 있을지 예측할 수 없다. 그러나 비록 같은 조건이 항상 같은 결과를 만들어내지 못함에도 불구하고, 과학은 여전히 계속되고 있다. 무엇이 일어날지를 정확하게 예측할 수 없다는 것은 우리를 불행하게 만든다. 예를 들어 매우 위험하고 심각한 상황이 있을 수 있어서, 사람들은 그 상황의 발생을 알아야 하지만, 그 상황을 여전히 예측할 수 없다. 이를테면 이런 상황을 상상해보자(좋은 상상은 아니지만 불가능한 상상도 아니다). 광전지 하나를 만들어서 전자가 지나가는 것을 1번 구멍 뒤에서 본다면 원자폭탄을 폭발시켜 3차 세계대전을 시작하고, 반면에 2번 구멍 뒤에서 본다면, 평화를 유지하여 당분간 전쟁 없는 상황을 유지하기로 하는 것이다. 이렇게 되면 인간의 미래는 과학이 전혀 예측할 수 없는 것에 달려 있게 될 것이다. 미래는 예측할 수 없다.

'과학의 존재 자체를 위해' 필요한 것이 무엇인지, 그리고 자연의 특성이 무엇인지는 화려한 전제들에 의해 결정되어야 할 것이 아니다. 그것은 항상 우리가 다루는 물질과 자연 자체에 의해 결정되어야 한다. 우리는 보고, 본 그것을 통해 알게 되지만, 앞으로 그것이 어떻게 될지를 미리 앞서서 성공적으로 말할 수는 없다. 가장 이치에 맞는 가능성이 종종 사실이 아니라는 것이 밝혀지곤 한다. 과학이 진보하기 위해 필요한 것은 실험할 수 있는 능력, 결과를 보고함에 있어 정직함—결과는 누군가가 그 결과를 보게 되어 좋다고 말하는 것에 상관없이 그대로 보고되어야만 한다—그리고 마지막으로(이것이 중요하다) 결과를 해석할 수 있는 사고력이다. 이 사고력에서 중요한 점은 그것이 무언가를 그래야만 한다고 미리 확신하지 말아야 한다는 것이다. 그것은 선입견일 수 있다. 그래서 "이것은 전혀 그럴듯하지 않아. 나는 저것이 싫어."라고 말한다. 선입견은 절대적인 확신과 다르다. 나는 절대적인 선입견을 얘기하는 것이 아니다. 다만 생각의 편향된 기질을 얘기하는 것이다. 당신이 약간의 편향을 가지고 있는 것은 큰 문제가 아니다. 왜냐하면 여러분의 편향이 틀렸다면, 많은 실험 결과로 인해 여러분은 더 이상 오류를 무시할 수 없게 될 것이다. 당신이 오류를 무시할 수 없게 되기 위해서는, 당신이 이미 과학이 가져야만 하는 어떤 필수 전제조건을 절대적으로 확신해야만 한다. 사실 과학의 존재를 위해서는, 철학자들이 생각하듯이 자연이 미리 정해놓은 조건들을 충족시켜야 한다는 것을 허용하지 않는 정신이 반드시 존재해야만 한다.

7 새로운 법칙을 찾아서

이 강의에서 내가 이야기하고자 하는 것은 엄격하게 말해서 물리법칙의 특성은 아니다. 물리법칙의 특성에 대해 이야기한다면, 최소한 자연에 대해서 이야기할 것이라고 예상할 수 있을 것이다. 그러나 나는 지금 자연에 대해 이야기하려고 하지 않는다. 오히려 나는 자연과 우리가 어떤 관계에 있는가를 이야기하고 싶다. 나는 우리가 알고 있다고 생각하는 것, 우리가 추측할 수 있는 것, 그리고 추측을 하는 방법에 대해 이야기하고자 한다. 누군가는 내가 법칙을 추측하는 방법을 천천히 설명하고 결과적으로 새로운 법칙을 만들어서 당신들에게 제시한다는 것은 너무 이상적인 계획이라고 지적했다. 내가 그렇게 할 수 있을지는 나도 모르겠다.

먼저 현재 상황에 관해서, 즉 우리가 지금 물리학에 대해서 알고 있는 것에 관해서 이야기하고 싶다. 당신은 내가 이미 모든 것을 얘기했다고 생각할지도 모르겠다. 왜냐하면 나는 이제까지의 강의를 통해 알려진 모든 커다란 원리들을 말했기 때문이다. 그러나 원리들은 어떤 것에 대한 원리들이어야만 한다. 에너지 보존의 원리는 어떤 것의 에너지와 관련되고, 양자역학 법칙들은 어떤 것에 대한 양자역학 법칙들이다. 이 모든 원리들을 합해놓는다 해도 자연이 담고 있고 우리가 언급하고 있는 내용들에 대해서는 아무 얘기도 들을 수 없다. 이제 이 모든 원리들이 적용되고 있다고 생각되는 것들에 대하여 약간 언급하겠다.

무엇보다 먼저 물질이 있다. 그런데 놀랍게도 모든 물질은 같다. 별을 이루는 물질은 지구에 있는 물질과 같다는 것이 밝혀졌다. 별들이 방출하는 빛의 특성 속에는 지구에 있는 것과 같은 종류의 원자들이 거기에도 있음을 보여주는 일종의 지문指紋이 있다. 같은 종류의 원자들이 생물뿐만 아니라 무생물에도 똑같이 있다. 개구리는 그 배열만 다를 뿐 바위와 같은 원자들의 '집단'으로 이루어져 있다. 그러므로 우리의 문제는 단순해진다. 우리가 살펴봐야 하는 것은 원자들뿐이며, 원자들은 어디서든 모두 같다.

원자들은 모두 같은 일반적 구조로 이루어진 것처럼 보인다. 원자에는 하나의 핵이 있고, 핵 둘레에는 전자들이 있다. 우리는 우리가 알고 있다고 생각하는 우주의 구성 성분들의 표를 [표 3]

전자 광자 중력자 중성미자	중성자 양성자

+ 반알갱이들

[표 3] 우리가 알고 있다고 생각하는 우주의 구성 성분들.

처럼 만들 수 있다.

먼저 전자들이 있는데 그들은 원자의 외곽에 있는 알갱이들이다. 이어서 핵이 있다. 그런데 오늘날 핵은 중성자와 양성자라 부르는 다른 두 개의 알갱이들로 이루어졌다고 이해한다. 우리는 별들을 보아야 하고, 원자들도 보아야 한다. 그들은 빛을 내보내는데, 빛 자체 역시 광자라 부르는 알갱이들로 묘사된다. 처음 강의에서 우리는 중력에 대해 이야기했다. 그리고 양자 이론이 옳다면, 중력 역시 알갱이처럼 행동하는 어떤 종류의 파동을 가져야만 한다. 그 알갱이들은 '중력자'라고 부른다. 그런 알갱이가 있다는 것을 믿지 못하겠다면, 그냥 중력이라고 불러도 좋다. 끝으로 나는 베타 붕괴, 즉 하나의 중성자가 양성자 하나, 전자 하나 그리고 중성미자 하나로—실제로는 반중성미자 하나로—붕괴되는 것을 언급했었다. 이른바 '중성미자'라 불리는 또 다른 알갱이가 있는 것이다. 내가 열거한 모든 알갱이들 외에도 당연히 모든 반알갱이들이 있다. 다시 말해서 우리가 고려해야 할 알갱이들이 두 배로 늘어난다는 것인데, 그렇다고 해도 크게 복잡해지지는 않는다.

내가 열거한 이 알갱이들로부터, 모든 낮은 에너지 현상들을, 즉 우주 모든 곳에서 발생하는 우리가 아는 모든 평범한 현상들을 사실상 설명할 수 있다. 때때로 매우 높은 에너지 알갱이가 관여하는 경우는 예외이다. 우리는 실험실에서 몇몇 특별한 것들을 만들어낼 수 있었다. 그러나 이 특별한 경우를 제외한다면, 모든 평범한 자연 현상은 그 알갱이들의 작용과 운동으로 설명할 수 있다. 예를 들어 생명 자체는 원리적으로 원자들의 운동으로 이해될 수 있고, 이 원자들은 중성자, 양성자 그리고 전자들로 이루어져 있다. 원리적으로 이해한다는 것은, 생명 현상을 이해하기 위해 발견해야 하는 새로운 것이 물리학에는 아무것도 없다는 것을 의미한다는 사실을 분명히 하고 싶다. 다른 예로 별들이 에너지, 즉 태양에너지 또는 별에너지를 방출하는 것은 아마도 알갱이들 사이의 핵반응을 통해서일 것이라고 추측된다. 적어도 현재까지 우리가 알고 있는 한, 원자들의 모든 세부적인 행동은 그런 종류의 모형으로 정확하게 묘사된다. 사실상 오늘날 현상의 영역 내에서는 내가 아는 한, 이 방법으로 설명할 수 없는 어떤 확실한 현상도 없으며, 더 심오한 신비도 없다고 말할 수 있다.

항상 그렇게 말하는 것이 가능한 것은 아니다. 예를 들어 '초전도'라는 현상이 있다. 초전도는 금속이 낮은 온도에서 저항 없이 전기를 전도하는 것을 뜻한다. 이 현상이 알려진 법칙들의 결과라는 것이 처음에는 분명하지 않았다. 그러나 오늘날에는 그 현상이 철저하고 세심하게 연구되었고, 그 현상을 현재 지식으로 충분히 설명할 수 있음이 밝혀졌다. 초감각적 지각과 같이 물리학 지식으로는 설명할 수 없는 다른 현상들도 있다. 그러나 그런 현상은 제대로 확인되지 않아서, 그런 현상이 존재하는지조차 확신할 수 없다. 만일 그런 현상이 확인된다면, 그것은 당연히 물리학의 불완전성을 증명하는 결과를 가져올 것이다. 따라서 그런 현상이 참인가 혹은 거짓인가의 문제는 물리학자들에게 극히 흥미로운 일이다. 초자연적 현상들이 옳지 않다는 것을 보여주는 많은 실험들이 있다. 점성술과 관련해서도 마찬가지다. 치과에 가기에 좋은 날을 결정하는 데 별들이 영향을 미친다는 것이 사실이라면—미국에는 이런 종류의 점성술도 있다—물리학 이론이 틀렸다는 것이 증명될 것이다. 왜냐하면 원리적으로 알갱이들의 행동으로부터 이러한 영향을 이해할 수 없기 때문이다. 그래서 어떤 과학자들은 알갱이들의 행동으로부터 모든 것을 이해하려는 생각에 대해서 약간의 회의를 나타내기도 한다.

다른 한편 최면술의 경우, 불완전하게 묘사되었을 때에는 최면술도 불가능한 것처럼 보였다. 하지만 최면술이 더 잘 알려지게 된 오늘날에는, 최면은 비록 아직 알려지지는 않았지만 정상적인 생리학적 과정을 통해 일어날 수 있다는 것이 인정되었다. 최면은 어떤 특별한 종류의 새로운 힘을 필요로 하지 않는다.

오늘날 원자핵 바깥에서 일어나는 일들에 관한 이론은 충분히 정확하고 완전해서, 우리에게 충분한 시간이 주어진다면 어떤 것에 대해서든 측정값에 일치하는 계산값을 구할 수 있을 듯 보인다. 반면에 핵을 구성하는 중성자와 양성자 사이의 힘은 그렇게 완전히 알려져 있지 않으며, 전혀 잘 이해하지 못하고 있다. 이 상황을 다른 말로 표현하면 이렇다. 오늘날 우리는 컴퓨터와 충분한 시간이 있으면 탄소의 에너지 준위들과 같은 것을 정확하게 계산해낼 수 있지만, 중성자와 양성자 사이의 힘은 그 정도로 확실하게 이해하지 못한다. 우리의 앎이 아직 부족하다. 우리는 외곽 전자들의 에너지 준위에 대해서는 훌륭한 계산을 할 수 있지만, 핵에 대해서는 대응하는 계산을 할 수 없다. 핵력을 아직 잘 이해하지 못하고 있기 때문이다.

핵력을 더 알아보기 위해 실험가들은 매우 높은 에너지 현상들을 연구해왔다. 그들은 매우 높은 에너지에서 중성자와 양성자를 충돌시키고 특이한 것들을 만들어냈다. 그 특이한 것들을 연구함으로써 중성자와 양성자 사이의 힘을 더 잘 이해하려고 한 것이다. 이 실험들을 통해서 판도라 상자가 열려버렸다! 비록 우리가 원한 것은 중성자와 양성자 사이의 힘을 더 잘 이해하는 것이었지만, 이들을 강하게 충돌시킴으로써 우리는 세계에 더 많은 알갱이들이 있음을 발견하게 되었다. 사실 48개 이상의 알갱이들이 그 힘들을 이해하기 위한 시도에서 발견되었다.

우리는 새로이 발견된 그 48개 이상의 알갱이들을 [표 4]의 중성자/양성자 칸에 넣겠다. 왜냐하면 그들은 중성자 및 양성자와 상호작용하고 그들 사이의 힘과 어떤 관계가 있기 때문이다. 이

전자 광자 중력자 중성미자 뮤중간자(뮤온) 뮤중성미자	중성자 양성자 (+ 48개 이상의 알갱이들)

+ 모든 반알갱이들

[표 4] 더 많이 알게 된 우주의 구성 성분들.

뿐만 아니라 이 모든 알갱이들이 발견되는 과정에서 핵력 문제와 무관한 다른 알갱이들도 발견되었다. 그 가운데 하나가 뮤중간자 또는 뮤온이라고 부르는 것이고, 다른 것은 그것과 상응하는 중성미자이다. 중성미자는 두 종류가 있는데, 하나는 전자와 상응하고 다른 하나는 뮤중간자와 상응한다. 덧붙여 언급한다면, 놀랍게도 우리가 실험적으로 얘기할 수 있는 한도 내에서는, 뮤온과 그것의 중성미자에 관해서 모든 법칙들이 밝혀졌다. 그 법칙에 따르면, 그들은 전자 및 그것의 중성미자와 정확히 같은 방식으로 행동한다. 다만 뮤중간자의 질량이 전자보다 207배 무겁다는 것만이 유일한 차이이다. 놀랍게도 다른 차이는 전혀 없다. 48개 이상의 알갱이가 있다는 것은 끔찍한 일이다. 더군다나 반알갱이들도 있다. 그들은 다양한 이름을 가지고 있다. 메손, 파이온, 케이온, 람다, 시그마…… 어떤 철자든 상관없이 붙이면 된다…… 알갱이가 48개 이상이나 되니 이름도 많아야 한다! 그러나 이 알갱이들이 집단들로 분류된다는 것이 밝혀져 약간의 희망이 생겼다. 실제로 알갱이라고 불리는 이것들 가운데 몇몇은 너무 짧은 시간 동안만 존재하여, 그들의 존재를 정의하는 것 자체가 가능한가에 대한 논쟁이 있다. 하지만 나는 그 논쟁에 끼어들고 싶지는 않다.

집단 개념을 보여주기 위해 나는 중성자와 양성자를 예로 들겠다. 중성자와 양성자는 약 0.1% 정도 범위 안에서 질량이 같나. 하나는 진자 질량의 1,836배이고 다른 하나는 1,839배이다. 더욱 놀라운 사실은 핵력, 즉 핵 내부의 강한 힘과 관련해서, 두 양성자 사이의 힘은 양성자 하나와 중성자 하나 사이의 힘과 같고, 중성자 하나와 중성자 하나 사이의 힘과도 같다는 것이다. 달리 말해서 강한 핵력을 기준으로 삼으면 양성자와 중성자를 구별할 수 없다. 이것은 대칭성 법칙이다. 우리가 강한 힘에 대해서만 이야기한다면, 중성자를 양성자로 바꾸어도 아무런 차이가 생기지 않는다. 그러나 실제로 당신이 중성자 하나를 양성자 하나로 바꾼다면 엄청난 차이가 생긴다. 왜냐하면 양성자는 전하 하나를 운반하지만 중성자는 그렇지 않기 때문이다. 전기 측정을 해보면 즉각적으로 양성자와 중성자의 차이를 알 수 있다. 그러므로 이 경우에 하나를 다른 것으로 바꿀 수 있다는 것은 '근사적 대칭성'이라고 부른다. 그 대칭성은 핵력의 강한 상호작용에 대해서는 옳지만, 심층적인 의미에서 자연에 대해서는 옳지 않다. 그 대칭성은 전기에 대해서는 적용되지 않기 때문이다. 이런 대칭성을 부분적 대칭성이라 부른다. 이제 '부분적 대칭성'에 대해서 더 살펴보자.

이제 근사적 대칭성을 통해서 집단을 확장했으므로, 중성자를 양성자로 대체하는 유형의 작업을 더 넓은 영역의 입자들에도 적용할 수 있다. 그러나 엄밀성은 더 줄어든다. 중성자를 항상 양성자로 바꿀 수 있다는 명제는 근사적으로만 참이다—전기에 대해서는 참이 아니다. 그러나 가능하다는 것이 밝혀진 더 넓은 영역에서의 대체는 더 빈약한 대칭성을 드러낸다. 어쨌든 이 부분적 대칭성들 덕분에 알갱이들을 집단들로 분류할 수 있었고, 발견되지 않은 알갱이들이 있어야 할 자리를 찾고 새로운 알갱이들을 발견할 수 있었다.

혈연관계를 대략적으로 추측하는 등의 이런 게임은 사실상 어떤 깊고 근본적인 법칙들을 발견하기에 앞서 자연과 벌이는 일종의 전초전처럼 보인다. 실례들은 과거 과학의 역사에서 매우 중요하다. 예를 들어 멘델레예프•의 원소 주기율표 발견은 이 게임과 비슷하다. 그 발견은 첫 단계였다. 주기율표의 근거에 대한 완전한 설명은 훨씬 나중에 원자 이론을 통해서 비로소 가능하게 되었다. 마찬가지로 몇 년 전에 마리아 메이어••와 옌젠•••은 이른바 껍질 모형 원자론을 통해서 핵 수준의 지식을 정리했다. 물

• Dmitrii Ivanovich Mendeleev, 1834~1907, 주기율을 발견한 러시아의 화학자.

•• Maria Mayer, 1906~1972, 미국의 물리학자. 1963년 노벨 물리학상을 수상했으며, 1960년 이후 캘리포니아 대학 물리학 교수로 지냈다.

••• Hans Daniel Jensen, 1907~1973, 독일의 물리학자. 1963년 노벨 물리학상을 수상했으며, 1949년 이후 하이델베르크 대학 이론물리학과 과장으로 지냈다.

리학은 근사적인 추측으로 복잡한 것을 단순하게 하는 유추 게임이다.

이 알갱이들 이외에도 이전에 우리가 이야기했던 대칭성 원리, 상대성 원리 등이 있고, 사물들이 양자역학적으로 행동해야 한다는 원리도 있다. 그리고 상대성 이론을 덧붙이면, 모든 보존법칙들은 국소적 보존법칙이어야 한다는 원리도 있다.

이 모든 원리들을 다 늘어놓고 보면, 너무 많다는 생각이 든다. 그들은 서로 일관되지 않다. 우리가 양자역학을 취하고, 또 상대성 이론을 취하고, 모든 것이 국소적이어야 한다는 명제를 취하고, 또 몇 가지 암묵적인 전제들을 취하면, 우리는 비일관성에 빠지게 되는 것 같다. 왜냐하면 많은 계산값들이 무한대가 나오기 때문이다. 무한대를 얻는다면 그것이 자연과 일치한다고 어떻게 말할 수 있겠는가? 내가 언급한 암시적인 전제들 중 하나는 우리가 너무 당연시하기 때문에 중요성을 의식하지 못하는 다음과 같은 명제도 있다. 여러분이 모든 가능성들의 확률을 계산한다면, 즉 이 일이 일어날 확률이 50%, 저 일이 일어날 확률이 25% 등이라면, 모든 확률들을 합하면 1이 되어야만 한다. 모든 선택들을 합하면 100% 확률을 얻어야만 한다고 우리는 생각한다. 이것은 그럴듯해 보인다. 그러나 그럴듯해 보이는 것에 항상 어려움이 있다. 그런 또하나의 명제는 에너지는 항상 양의 값이어야만 한다는 것이다. 그것은 음의 값이 될 수는 없다. 일관성을 위해 추가로 언급해야 하는 또 다른 명제는 인과율이라 부르는 것으로,

결과가 원인을 앞설 수 없다는 생각이라고 할 수 있다. 실제로 확률에 대한 명제나 인과율을 무시하면서 양자역학, 상대론, 국소성 등과 일관되는 모형을 만든 사람은 아무도 없다. 가정으로부터 무한대가 나오는 어려움에 봉착한 우리는 우리가 가정한 것이 무엇인지 실제로 모르고 있는 것이다. 대단한 문제가 아닐 수 없다. 그렇지만 어떤 기법을 이용해서 무한대를 감추는 것은 가능함이 밝혀졌다. 그 기술을 동원하면 일시적으로 계산을 계속할 수 있다.

여기까지가 현재 상황이다. 이제 나는 우리가 어떻게 새로운 법칙을 찾을 것인가에 대해 논의하려 한다.

일반적으로 다음의 과정을 통해 새 법칙을 찾는다. 먼저 우리는 법칙을 추측한다. 이어서 우리는 추측한 법칙이 옳다면 어떤 결과가 나오는가를 보기 위해 결과들을 계산한다. 이제 계산 결과를 자연, 실험, 또는 경험에 비교하고, 관측한 것과 직접적으로 비교하여 올바른지를 확인한다. 그것이 실험과 불일치한다면 틀린 것이다. 이 간단한 설명에 과학의 열쇠가 있다. 당신의 추측이 얼마나 멋있는가는 중요하지 않다. 당신이 얼마나 똑똑한가, 누가 그 추측을 만들었는가, 또는 그의 이름이 무엇인가도 중요하지 않다. 추측이 실험과 일치하지 않다면 틀린 것이다. 더 이상 그 무엇도 논할 필요가 없다. 그것이 틀렸다는 것을 확신하기 위해서 약간 더 검토해야만 한다는 것은 참이다. 실험자가 잘못 보고하거나 또는 알아차리지 못한 실험적 오류가 있을지도 모르고,

결과를 계산한 사람이 그 추측을 만든 사람일지라도 분석에서 어떤 실수를 할 수도 있기 때문이다. 다시 말해서 추측한 것이 실험과 일치하지 않는다는 것은, 실험을 한 뒤 계산을 검토하고, 그래서 그 결과가 추측에서 온 논리적 결과임을 확신하기 위해 여러 번 다듬었지만 실험과 일치하지 않는다는 것이다.

이 설명은 여러분에게 과학에 대하여 다소 그릇된 인상을 줄지도 모른다. 나는 우리가 끊임없이 가능성을 추측하고 실험과 비교한다고 설명했는데, 그렇다면 실험이 덜 중요한 지위로 떨어지는 듯하다. 실제로 실험가들은 개성을 가지고 있다. 아무도 추측하지 않았다 할지라도 그들은 즐겨 실험을 한다. 그래서 그들은 매우 자주 이론가가 어떤 추측도 하지 않은 영역에서 실험을 하기도 한다. 예를 들어 우리는 많은 커다란 법칙들을 알고 있지만, 그것들이 실제로 높은 에너지에서도 적용되는지는 모른다. 왜냐하면 그것들이 높은 에너지에서도 적용된다는 것은 단지 그럴듯한 추측일 뿐이기 때문이다. 실험가들은 더 높은 에너지에서 실험을 시도해왔고, 때로는 문제를 찾아내기도 한다. 즉 옳다고 생각한 것들 가운데 하나가 틀렸다는 것을 발견하기도 한다. 이런 방법에서 실험은 예상하지 못했던 결과를 만들어낼 수 있고, 이로 인해 다시 새로운 추측이 제시된다. 예상하지 못한 결과 가운데 한 예로 뮤중간자와 그것의 중성미자가 있다. 그것은 발견되기 전에 어느 누구도 추측하지 못한 것이었고, 오늘날까지 아무도 그것들이 자연적인 결과라는 것을 설명하는 추측을 제시하지 못했다.

우리가 이런 방법으로 어떤 특정한 이론을 반증할 수 있다는 사실을 여러분도 물론 알 수 있을 것이다. 실질적인 추측인 어떤 명확한 이론이 있고, 그 이론으로부터 실험과 비교할 수 있는 결과들을 편리하게 계산할 수 있다면, 우리는 원리적으로 어떤 이론이든 제거할 수 있다. 임의의 명확한 이론이 틀렸다고 증명할 수 있는 가능성은 언제나 있다. 그러나 그 이론이 참이라는 것은 결코 증명할 수 없다는 사실에 주목하라. 훌륭한 추측을 창안하고, 결과들을 계산하고, 그래서 계산한 결과들이 실험과 일치한다는 것을 매번 발견한다고 하자. 그렇다면 그 이론은 참인가? 아니다. 단지 틀리다는 증명이 이루어지지 않은 것뿐이다. 미래에 더 넓은 영역의 결과들을 계산할 수 있으며, 또한 더 넓은 영역에서 실험이 있을 수 있으므로, 그때 그것이 틀렸다는 것을 발견하게 될지도 모른다. 이것이 행성의 운동에 대한 뉴턴의 법칙과 같은 것들이 왜 그토록 오랫동안 지속되는가의 이유이다. 그는 중력의 법칙을 추측했고, 태양계 등에 대한 모든 종류의 결과들을 계산했으며, 그들을 실험과 비교했다. 몇백 년이 지난 뒤에야 수성 운동의 작은 오차만이 관측되었을 뿐이다. 그 오랜 기간 동안 뉴턴 이론이 틀렸다는 증명은 이루어지지 않았다. 따라서 잠정적으로 참으로 간주될 수 있었던 것이다. 그러나 뉴턴 이론이 참이라는 것은 증명될 수 없었다. 왜냐하면 내일의 실험에서 오늘 우리가 옳다고 생각하는 것이 틀렸다고 증명될지도 모르기 때문이다. 우리는 절대적으로 옳을 수가 없다. 우리는 다만 우리가 틀렸다는 것을 확실히 알 수 있을 뿐이다. 그러나 우리가 그렇게 오랫동안 지속되는 이론들을 가질 수 있다는 사실은 놀라운 일이다.

과학의 발전을 멈추게 하는 방법 가운데 하나는, 법칙을 알고 있는 영역에서만 실험하도록 하는 것이다. 그러나 대개 실험가들은 우리의 이론이 틀렸다고 증명될 가능성이 가장 큰 영역에서 가장 성실하고 부지런하게 실험한다. 달리 말해 우리는 가능한 한 빨리 우리 스스로가 틀렸음을 증명하려고 애쓴다. 왜냐하면 이 방법으로만 진보가 가능하기 때문이다. 예를 들어 오늘날 우리는 평범한 낮은 에너지 현상 가운데서는 어디에서도 문제를 발견하지 못한다. 우리는 모든 것이 다 옳다고 여기고 있고, 핵반응 또는 초전도성에서도 문제를 찾는 특별한 큰 프로그램이 없다. 이 강의에서 나는 근본법칙들을 발견하는 데 초점을 맞추고 있다. 물리학의 흥미로운 전체 영역에는 초전도성이나 핵반응과 같은 현상을 다른 수준에서 근본법칙을 통해 이해하는 것 역시 포함된다. 그러나 나는 지금 근본법칙의 문제나 오류를 찾는 것에 대해 이야기하려 한다. 낮은 에너지 현상에 대해서는 아무도 어디에서 오류를 찾아야 할지 모르고 있으므로, 오늘날 새로운 법칙을 찾는 모든 실험들은 높은 에너지 영역과 관련해서 이루어지고 있다.

내가 또 하나 강조하고 싶은 것은, 모호한 이론은 틀렸다고 증명할 수는 없다는 것이다. 당신이 내놓은 추측이 잘 표현되지 않았고 다소 모호하다면, 그리고 결과를 알아내는 방법이 약간 모호하다면, 당신은 확신을 가지지 못하고 이런 식으로 말하게 된다.

"이러이러한 이유 때문일 뿐이지 아무 문제도 없어. 이렇게 저렇게 고치면 어떻게 제대로 되는지 설명해주지."

이 말은 당신의 이론이 거짓으로 증명될 수 없기 때문에 좋다는 것을 의미한다. 또한 결과를 계산하는 과정이 불명확하다면, 약간의 기교로 임의의 실험 결과들을 예상한 것과 일치하게 보이도록 만들 수 있다. 아마도 여러분은 다른 영역에서 이런 상황에 익숙할 것이다. 'A'는 그의 엄마를 미워한다. 그가 어렸을 때 엄마가 그를 돌보지 않았거나 충분히 사랑하지 않았기 때문이다. 그러나 당신이 조사해보니 실제로 엄마는 그를 대단히 사랑했고, 아무 문제도 없었다. 그렇다면 그가 엄마를 미워하는 것은, 엄마가 어린 시절 그에게 너무 집착했기 때문이다! 이론이 모호한 경우라면, 둘 중 어떤 결론도 나올 수 있다. 이 문제를 극복하는 길은 다음과 같다. 먼저 어디까지 사랑하는 것이 충분하지 못한 것이고 어디까지가 너무 집착하는 것인가를 정확하게 말할 수 있다면, 시험의 기준이 될 수 있는 완벽하게 정당한 이론이 만들어질 수 있을 것이다. 이런 점을 지적하면 사람들은 보통 이렇게 말한다. "심리적 문제들을 다룰 때는 그렇게 정확하게 정의할 수는 없다."라고. 좋다. 하지만 그렇다면 당신은 심리적 문제에 대해 무언가 안다고 주장할 수 없다.

정확하게 같은 종류의 예가 물리학에도 있다는 것을 들으면 여러분은 깜짝 놀라게 될 것이다. 근사적 대칭성이 그런 예이다. 당신이 근사적 대칭성을 확인했다고 하자. 당신은 그것이 완벽하다고 가정하고 결과들을 계산한다. 실험과 비교하니 일치하지 않는다. 당연하다—가정한 대칭성이 근사적이므로, 결과가 꽤 일치한다면 당신은 "좋았어!"라고 말하고, 반면에 잘 일치하지 않으면 "이 특별한 측면은 대칭성 결여에 특히 민감한 모양이군!"이라고 말한다. 여러분은 지금 웃음을 터뜨릴지도 모르지만, 진보는 이런 방법으로 이루는 수밖에 없다. 어떤 주제가 새로운 최초의 주제이고 알갱이들도 우리에게 새로울 때, 과학의 시작은 이러한 속임수 같은 방법, 즉 결과를 보고 '더듬어' 추측하는 방법이다. 물리학의 대칭성 명제에서나 심리학에서나 상황은 마찬가지이니 너무 심하게 웃지 않기를 바란다. 시작할 때는 매우 조심스러울 필요가 있다. 이런 종류의 모호한 이론에 의해 막다른 곳에 깊이 빠지기 쉽기 때문이다. 그것이 틀렸다고 증명하는 것은 어렵다. 뱃전 위에 내민 널빤지 위를 걷는 게임을 하려면 특별한 기술과 경험이 필요하다.

추측하고, 결과를 계산하고, 실험과 비교하는 과정 가운데 우리는 여러 단계에서 문제를 만날 수 있다. 아무 생각도 떠오르지 않아서 추측 단계에서 꼼짝 못하게 될 수도 있다. 또는 계산하는 단계에서 곤란을 겪을지도 모른다. 예를 들어 유카와 히데키[•]는

1934년에 핵력에 대해 추측했지만, 아무도 결과를 계산할 수 없었다. 수학이 너무 어려웠기 때문이었다. 그래서 사람들은 그의 생각과 실험을 비교할 수 없었다. 그의 이론은 오랫동안 계산되지 않았고, 유카와 히데키가 생각하지 못했던 다른 많은 알갱이들이 발견된 후에, 당연히 유카와 히데키가 생각했던 것보다 훨씬 복잡한 방식으로 계산이 이루어졌다. 문제가 생길 수 있는 또 하나의 단계는 실험이다. 한 예로, 중력의 양자 이론은 전혀 발전하지 못하거나 혹은 매우 천천히 발전되고 있다. 왜냐하면 할 수 있는 모든 실험들이 양자역학과 중력을 동시에 포함하지 못하기 때문이다. 중력적 힘은 전기적 힘에 비해 너무 약하다.

나는 이론물리학자이기 때문에 추측에 더 즐거움을 느낀다. 이제 어떻게 추측하는가에 대해 집중하고 싶다.

이미 언급했듯이, 추측이 어디서 왔는가는 중요하지 않고, 그것이 실험과 일치하느냐만이 중요할 뿐이다. 또한 추측은 가능한 한 명확해야만 한다. 여러분은 이렇게 말할지도 모른다.

"그렇다면, 간단하잖아. 추측을 하는 거대한 컴퓨터를 만들어서, 그것이 자연의 작동에 관해서 매번 무작위로 추측하도록 만들고, 즉시 추측의 결과를 계산한 뒤, 실험 결과들과 비교하면 되겠네."

다시 말해서 추측은 멍청한 사람이 할 일이라는 것이다. 그러

• 湯川秀樹, 1907~1981, 일본의 이론물리학자. 교토 대학 기초물리학 연구소장으로 있었으며, 1949년 중간자 이론으로 노벨 물리학상을 수상했다.

나 사실은 정반대다. 왜 그런가를 설명하겠다.

첫 번째 문제는 어떻게 시작하는가이다. “나는 알려진 모든 원리들을 가지고서 시작할 테야.”라고 당신은 말한다. 그러나 알려진 모든 원리들은 일관적이지 않다. 그래서 어떤 것들은 제거해야만 한다. 많은 사람들이 추측에 이렇게 저렇게 구멍을 내야 한다고 조언한다. 그렇다. 당신은 새로운 추측을 위한 여유를 만들기 위해 구멍을 낸다. 어떤 이는 이렇게 말한다.

“사람들은 공간이 연속적이라고 말한다. 하지만 충분히 작은 규모에 도달했을 때도 충분히 많은 점들이 있어서 점들 사이가 떨어져 있지 않을 것이라는 것을 당신이 어떻게 아는가?”

또 어떤 사람은 이렇게 말한다.

“당신이 얘기한 양자역학적 진폭은 너무 복잡하고 불합리해. 왜 그것이 옳다고 생각하는 거지? 틀릴지도 모르잖아.”

이런 주장들은 이 분야를 연구하고 있는 사람들 누구나 알고 있고 완벽하게 명확하다. 이 문제들을 지적하는 것은 아무 소용이 없다. 중요한 것은 틀릴지도 모르는 것을 지적하는 것이 아니라 대체할 수 있을 만한 것을 정확히 제시하는 것이다. 연속적인 공간과 관련해서, 공간이 사실상 점들로 구성되어 있고, 점들 사이의 공간은 무의미하며, 점들은 입방 격자로 배열되어 있다는 명확한 명제를 대안으로 가정해보자. 그렇다면 우리는 이 명제가 거짓임을 즉각적으로 증명할 수 있다. 이 명제는 틀린 얘기다. 중요한 것은 어떤 것이 틀렸다고 말하는 것이 아니라 그것을 다른 것으로 대체하는 것이다. 그리고 그 일은 그렇게 쉽지 않다. 실제로 어떤 명확한 대안이 제시되면, 거의 즉각적으로 그 대안이 옳지 않다는 것이 밝혀진다.

추측의 두 번째 어려움은, 간단한 유형의 가능성들이 무수히 많다는 것이다. 그것은 다음과 같은 것이다. 당신이 금고를 열려고 오랫동안 애쓰고 있다. 이때 당신이 금고를 열려고 애쓴다는 것 외에는 당신에 관해 아무것도 모르는 어떤 이가 왔다. 그는 "왜 10 : 20 : 30 조합을 시도하지 않는 거지?"라고 말한다. 당신은 여러 가지를 시도해보았기 때문에 아마 이미 10 : 20 : 30을 시도했을지도 모른다. 어쩌면 이미 중간 숫자는 20이 아니라 32라는 것을 알고 있을지도 모른다. 당신은 어쩌면 비밀번호가 다섯 자리 조합이라는 것도 알고 있을지 모른다…… "그러니까 당신들은 금고가 어떻게 작동하는가를 나에게 이야기하려고 애쓰는 내용을 담은 편지를 보내지 말라. 나는 편지들을 읽는다. 나는 항상 내가 미처 생각하지 못했던 것들이 있는지 확인하기 위해 편지들을 읽는다. 그러나 편지에 답하는 데는 너무나 많은 시간이 걸린다. 그들 대부분은 '10 : 20 : 30을 시도하라'는 식이기 때문이다."

늘 그렇듯이 자연의 상상력은 우리 자신을 훨씬 뛰어넘는다. 미묘하고 심오한 다른 이론들로부터 그 사실을 확인할 수 있다. 그런 미묘하고 심오한 추측을 하는 것은 그렇게 쉬운 일이 아니다. 추측을 하기 위해서는 정말로 똑똑해야 한다. 기계에 의한 맹

목적인 추측은 가능하지 않다.

이제 자연의 법칙을 추측하는 기술을 얘기하고자 한다. 추측은 기술이다. 그것이 어떻게 이루어질까? 여러분이 제안할 수 있는 한 방법은, 역사를 돌아보고 다른 사람들이 어떻게 했는가를 살펴보는 일일 것이다. 그렇다면 역사를 한번 알아보자.

우리는 뉴턴에서 시작해야 한다. 그는 불완전한 지식으로 가득했던 시대에 살았다. 그는 실험과 비교적 밀접한 모든 생각들을 종합함으로써 법칙들을 추측할 수 있었다. 관측과 시험 사이에는 커다란 거리가 없었다. 이것이 첫 번째 방법이었다. 그러나 오늘날에는 그 방법이 잘 적용되지 않는다.

위대한 업적을 이룬 두 번째 인물은 맥스웰이다. 그는 전기학 및 자기학의 법칙들을 알아낸 사람이다. 그가 한 것은 이런 것이다. 그는 이전에 패러데이 및 다른 사람들이 발견한 전기학의 법칙 모두를 종합하였고, 그것을 조사하여 수학적으로 비일관적이라는 것을 깨달았다. 문제를 해결하기 위해 그는 한 방정식에 하나의 항을 추가해야 했다. 그는 스스로 공간 속에 있는 회전하는 바퀴와 톱니바퀴를 동원한 모형을 창안하여 새로운 법칙을 제안했다. 하지만 그 시대 사람 누구도 그의 연구에 주의를 기울이지 않았다. 그가 가정한 회전바퀴들을 믿을 수 없었기 때문이다. 오늘날에도 우리는 그가 가정한 회전바퀴들을 믿지 않지만, 그가 얻은 방정식은 옳다. 그의 논리는 틀렸다 할지라도 답은 옳다.

상대론의 경우 완전히 다른 방식으로 발견되었다. 많은 역설들이 축적되었고, 알려진 법칙들은 비일관적인 결과만을 내놓았다. 돌파구를 찾기 위해서는 새로운 종류의 생각, 즉 법칙들의 가능한 대칭성들에 관한 생각이 필요했다. 새로운 발견은 특히 어려웠다. 왜냐하면 사람들은 뉴턴 법칙처럼 오랫동안 옳다고 생각해온 것도 궁극적으로 오류로 밝혀질 수 있다는 것을 처음으로 경험했기 때문이다. 또한 시간과 공간에 대한 우리의 평범한 생각이 직관적으로 지극히 타당함에도 불구하고 틀릴 수 있다는 것을 받아들이는 것도 어려웠다.

양자역학은 두 가지 독자적인 방식으로 발견되었다—이 사실이 우리에게 가르쳐주는 바를 간과해서는 안 된다. 이 경우에도 어쩌면 상대론에서보다 더 많은 역설들이 실험적으로 발견되었다. 알려진 어떤 방법으로도 결코 이들을 설명할 수 없었다. 그것은 지식이 불완전해서가 아니라 너무 완전했기 때문이었다. 당신은 어떤 것이 발생해야만 한다고 예측하지만, 그것은 발생하지 않았다. 양자역학에 이른 두 길 중 하나는 방정식을 추측한 슈뢰딩거•에 의해 개척되었고, 다른 하나는 측정 가능한 것을 분석해야 한다고 주장한 하이젠베르크에 의해 개척되었다. 철학적으로 다른 이 두 방법은 결국 동일한 발견에 도달했다.

보다 최근에, 내가 이미 말했던 약한 붕괴 법칙들이 발견됨으로써 무언가 다른 상황이 추가되었다. 중성자 하나가 양성자 하

• Erwin Schrödinger, 1887~1961, 오스트리아의 이론물리학자. 1933년 디랙과 공동으로 노벨 물리학상을 수상했다.

나, 전자 하나, 그리고 반중성미자 하나로 붕괴되는 약한 붕괴는 아직도 부분적으로만 알려져 있다. 이 경우에는 지식이 불완전하기 때문에 오직 방정식만이 추측되었다. 이번에는 실험들이 모두 틀렸다는 것이 커다란 문제였다. 여러분이 계산한 결과가 실험과 일치하지 않음에도 불구하고 올바른 답을 추측하는 것이 어떻게 가능할까? 실험이 틀렸음이 분명하다고 말할 용기가 필요하다. 그 용기가 어디서 오는가에 대해서는 뒤에 설명하겠다.

오늘날 우리에게 더 이상 역설은 없다—아마도 그런 것 같다. 우리가 모든 법칙들을 종합하면 무한대를 얻게 되지만, 더러움을 양탄자 밑에 감추는 사람들은 매우 현명해서 우리는 때때로 이것을 중대한 역설이 아니라고 생각한다. 또한 우리가 이 모든 알갱이들을 찾았다는 사실은 다만 우리의 지식이 불완전하다는 것을 말해줄 뿐이다. 나는 물리학에서는 역사가 되풀이되지 않는다고 믿는다. 내가 제시한 예들을 보면 당신도 그렇다는 것을 알 수 있을 것이다. 그 이유는 이렇다. '대칭성 법칙 생각하기' '정보를 수학적 형태로 만들기' 또는 '방정식 추측하기'와 같은 사고틀은 이제 모든 사람들에게 알려져 있고, 항상 시도되었다. 여러분이 어려움에 처했을 때, 이런 사고틀이 해답이 될 수는 없다. 여러분은 이미 이들을 시도했을 것이기 때문이다. 다음번에는 다른 방법이 있어야만 한다. 매번 우리는 너무 많은 어려움과 너무 많은 문제들로 정체 상태가 되는데, 그것은 우리가 이용하는 방법이 이전에 했던 것과 같기 때문이다. 다음 틀은, 새로운 발견은 완전히 다른 방법을 통해 이루어지게 될 것이다. 그러므로 역사는 우리에게 큰 도움이 되지 않는다.

측정할 수 없는 것에 대해서는 말할 수 없다는 하이젠베르크의 생각에 대하여 조금 이야기하고자 한다. 하이젠베르크에 따르면, 많은 사람들은 충분히 이해하지 못한 채 그런 개념을 말하고 있기 때문에 그런 개념을 사용하지 말아야 한다. 당신은 하이젠베르크의 생각을 이렇게 해석할 수 있다. 당신이 만든 구성물이나 발명품은, 당신이 그들로부터 계산한 결과가 실험과 대조될 수 있는 종류의 것이어야 한다. 다시 말해서 아무도 '강강'과 '희희'가 무엇인지 모른다면, 당신은 '하나의 강강은 세 개의 희희여야만 한다.'와 같은 결과를 계산할 수는 없다. 분명 이것은 옳지 않다. 그러나 결과들이 실험과 비교될 수 있다면, 그것은 전적으로 충분하다. 강강과 희희가 추측에서 나오고 안 나오고는 중요하지 않다. 결과들이 실험과 비교될 수 있다면, 추측에는 많은 시시한 것들이 있어도 좋다. 사람들은 이 사실을 충분히 이해하지 못한다. 사람들은 알갱이와 경로 등의 개념을 정당화 없이 원자 영역까지 확장하는 것을 가끔 불평하곤 한다. 전혀 그럴 일이 아니다. 확장에는 정당화가 필요 없다. 우리는 우리가 이미 알고 있는 것을 넘어설 때까지, 우리가 이미 얻은 생각들을 넘어설 때까지 확장할 수밖에 없고, 확장해야 하고, 항상 확장해왔다. 위험스러운가? 그렇다. 불확실한가? 그렇다. 그러나 이것이 유일한 진보의 길이다. 이 방법은 비록 불확실하다 해도 과학이 유용해지기 위해서는 필수적이다. 과학은 아직 이루어지지 않은 실험에 대하여 이야기할 때에만 유용하다. 막 지나간 것에 대해서만 이야기한다면 과학은 더 이상 유용하지 않다. 검증된 영역 너머로 생각을 확장시킬 필요가 있다. 예를 들어 행성 운동을 이해하기 위해 개발된 중력법칙과 관련해서, 뉴턴이 단순히 "이제 나는 행성들을 이해한다."라고 말하면서 행성 간의 힘을 달에 대한 지구의 인력과 비교할 생각을 하시 못했다면, 그리고 이후의 사람들이 "은하계들을 묶는 것은 중력일지도 모른다."라고 생각하지 않았다면, 중력법칙은 유용하지 않았을 것이다. 우리는 이런 확장을 시도해야만 한다. 당신은 이렇게 말할 수도 있다.

"은하계 규모에 이른다면, 우리는 그것에 대하여 아무것도 알지 못하므로, 무엇이든 일어날 수 있다."

옳은 말이다. 그러나 이런 종류의 한계를 수용하는 과학은 없다. 은하계들에 대한 궁극적인 앎은 없다. 하지만 은하계들의 전체 행동이 알려진 법칙들에 의해서만 지배된다고 가정하면, 그 가정은 매우 제한적이고 특수하며 실험에 의해 쉽게 깨어질 수 있다. 우리가 찾고 있는 것은 그렇게 매우 명확하고 실험과 비교하기 쉬운 가설뿐이다. 은하계가 지금까지 행동하는 방식은 실제로 그 가정에 어긋나지 않는 듯하다.

좀더 흥미롭고 중요한 다른 예를 살펴보자. 생물학의 진보에 크게 기여한 가장 강력한 단 하나의 가정은 아마도, 동물들이 할 수 있는 모든 것을 원자도 할 수 있고, 생물학의 세계에서 보이는 것들은 '추가적인 어떤 것'이 없는 물리적 및 화학적 현상들의 행동 결과라는 것일 것이다. 당신은 이렇게 말할지도 모른다.

"살아 있는 것에서는, 무슨 일이든 일어날 수 있어."

만일 당신이 이 말을 받아들인다면, 당신은 살아 있는 것을 결코 이해하지 못할 것이다. 문어 촉수의 움직임이, 알려진 물리법칙에 따르는 원자들의 움직임이라는 것을 믿기는 매우 어렵다. 그러나 이 가설을 가지고서 연구하면 촉수가 어떻게 작동하는가에 대해 아주 정확한 추측을 할 수 있을 것이다. 이런 방법으로 우리는 커다란 지식의 진보를 이룬다. 아직까지는 이런 방법이 성공적이었다—이 방법이 틀렸다는 것은 밝혀지지 않았다.

비록 과학을 하지 않는 많은 사람들은 그렇게 생각하지만, 추측하는 것이 비과학적인 일이 아니다. 몇 년 전 나는 어떤 평범한 사람과 비행접시에 대한 이야기를 나눈 적이 있었다. 내가 과학자이기 때문에 비행접시에 대한 모든 것을 알고 있으리라고 그는 생각했는지도 모르겠다. 나는 "비행접시가 있다고 생각하지 않습니다."라고 말했다. 나의 대화 상대는 "비행접시가 있는 것이 불가능한가요? 그것이 불가능함을 증명할 수 있나요?"라고 말했다. "아니, 불가능하다는 것을 증명할 수는 없어요. 단지 매우 있음직하지 않을 뿐입니다."라고 나는 말했다. 그때 그는 "당신은 매우 비과학적이군요. 그것이 불가능함을 증명할 수 없다면, 있음직하지 않다고 어떻게 말할 수 있나요?"라고 말했다. 그러나 바로 그것이 과학적인 태도이다. 더 그럴듯하고 덜 그럴듯한 것을 얘기하는 것이 과학이지, 가능하고 불가능하고를 항상 증명하는 것이 과학은 아니다. 내 의도를 정확히 하기 위해 나는 그에게 이렇게 말할 수도 있었을 것이다.

"잘 들어보세요. 내가 내 주위에서 보는 세계에 관해 아는 지식으로 판단하건대, 비행접시는 외계 지능의 알려지지 않은 합리적 노력의 결과라기보다는 지구에 사는 지능의 알려진 비합리적 특성의 결과라는 것이 훨씬 더 있음직하다고 생각합니다."

이것이 더 그럴듯하다. 이것이 말할 수 있는 전부이다. 훌륭한 추측이다. 그리고 우리는 그것이 적용되지 않으면 다른 가능성을 논의해야만 한다는 사실을 마음에 간직한 채, 가장 있음직한 설명을 추측하려고 항상 애쓴다.

무엇을 유지하고 무엇을 버릴 것인가를 어떻게 추측할 수 있을까? 우리는 이 모든 훌륭한 원리들과 사실들을 알고 있지만, 어떤 어려움에 처해 있다. 우리는 무한대를 얻거나, 또는 어느 부분이 빠져서 충분한 묘사를 할 수가 없다. 때로 이것은 특정한 생각을 버려야만 함을 뜻하기도 한다. 최소한 과거의 경험을 보면, 깊이 간직해온 어떤 생각을 버려야만 한다는 것이 항상 드러나곤 했다. 문제는 무엇을 버리고 무엇을 간직해야 하는가이다. 다 버린다면 그것은 좀 과한 일이다. 당신에게는 남은 것이 거의 없게 될 것이다. 어쨌든 에너지 보존은 좋고 훌륭해 보인다. 그래서 나는 에너지 보존법칙은 버리지 않겠다. 무엇을 간직하고 무엇을 버릴 것인가를 추측하는 것은 상당한 기술을 필요로 한다. 실제로 그것은 단순히 행운의 문제일지도 모르지만, 마치 상당한 기술을 요하는 것처럼 보인다.

확률진폭은 매우 이상하다. 그래서 당신은 처음에는 확률진폭이라는 새로운 개념이 삐딱한 개념이라고 생각할 것이다. 그러나 비록 그것이 이상하다 해도, 양자역학적 확률진폭이 존재한다는 생각으로부터 유도될 수 있는 모든 것들이 특이한 알갱이들의 긴 목록 전체에서 100% 타당하다. 그러므로 나는 우리가 세계를 구성하는 실체를 찾게 되는 어느 날 이 생각들이 틀렸다고 밝혀질 것이라고는 믿지 않는다. 나는 이 부분이 옳다고 생각하지만, 단지 추측일 뿐이다. 나는 내가 어떻게 추측하는가를 이야기할 뿐이다.

반면에 나는 공간이 연속적이라는 이론이 틀렸다고 믿는다. 왜냐하면 무한대를 비롯한 여러 문제들이 있기 때문이다. 또한 모든 알갱이들의 크기를 결정하는 것이 무엇인지의 문제도 남아 있다. 오히려 나는 무한히 작은 공간으로까지 확장하는 기하학의 단순한 생각이 틀렸다고 의심한다. 물론 나는 지금 단지 하나의 구멍만을 만들고, 무엇을 대체할지는 말하지 않고 있다. 그럴 수 있다면 새로운 법칙을 제시하면서 이 강의를 마칠 수 있을 것이다.

어떤 사람들은 모든 원리들의 비일관성을 언급하면서, 오직 하나의 일관된 세계가 있음을 주장한다. 우리가 모든 원리들을 고려하여 매우 정확하게 계산할 수 있다면, 우리는 원리들을 이끌어낼 수 있을 뿐만 아니라, 그 원리들이 만물을 일관되게 존재하게 해줄 수 있는 유일하게 가능한 원리들이라는 것을 알게 될 것이다. 이것은 나에게 엄청난 주장으로 보인다. 나는 이 주장이 개가 꼬리를 흔드는 것 정도로 여겨진다. 그들은 50여 개의 이상한 알갱이들이 아니라 전자 등과 같은 몇 개의 작은 어떤 것들과 모든 원리들이 있으면, 나타나는 거대한 복잡성은 아마도 특수한 하나의 결과일 것이라고 주장하는 것이다. 나는 우리가 일관성에 관한 논의만으로 모든 것을 얻을 수는 없다고 믿는다.

우리가 다룰 또 하나의 문제는 부분적 대칭성의 의미이다. 중성자와 양성자는 거의 같지만 전기에서는 같지 않다는 것, 또는 반사대칭성의 법칙이 한 종류의 반응에서 완벽하게 예외적이라는 것과 같은 이들 부분적 대칭성들은 매우 골치 아픈 문제이다. 이들은 거의 대칭적이지만 완전히 대칭적이지는 않다. 현재 이 문제와 관련해서 두 학파가 있다. 한 학파에 따르면, 그것들은 실제로 간단하고 대칭이지만, 작은 복잡화가 일어나 조금 비뚤어지게 되었다고 말한다. 다른 학파—이 학파의 대변자는 나 혼자뿐이다—는 그렇지 않다고, 그것들은 원래 복잡했고 복잡화를 통해서 단순하게 되었다고 말한다. 그리스 사람들은 행성의 궤도가 원이라고 믿었다. 실제로 행성의 궤도는 타원이다. 궤도는 아주 대칭적이진 않지만 원에 매우 가깝다. 문제는 그들이 왜 원에 가까운가, 즉 왜 그들이 거의 대칭적인가이다. 오랫동안 조수 마찰의 복잡한 효과가 있었기 때문일까?—아주 복잡한 생각이다. 자연의 본성은 완전히 비대칭적이지만, 실재의 복잡성 속에서 자연이 근사적으로 대칭인 모습이 되고, 그래서 타원이 거의 원처럼 보일 수도 있다. 이것도 가능한 생각이다. 하지만 아무도 모른다. 이것은 단지 추측 놀이일 뿐이다.

A와 B라는 두 이론이 있다고 하자. 이들은 심리학적으로 완전히 다르게 보이고 다른 생각들을 포함하고 있지만, 둘로부터 계산한 모든 결과들은 정확하게 같고, 둘 다 실험과 일치한다. 두 이론은 비록 처음에는 다르게 보이지만, 동일한 결과들을 가지는데, 이 사실은 A와 B의 논리로부터 언제나 대응하는 결과들이 유도된다는 것을 수학적으로 증명함으로써 쉽게 보여줄 수 있다. 우리에게 이런 두 이론이 있다고 할 때, 어느 것이 옳은가를 어떻게 결정할 것인가? 과학적으로는 방법이 없다. 왜냐하면 그들은 둘 다 같은 정도로 실험과 일치하기 때문이다. 그래서 비록 심층적으로는 서로 다른 생각을 숨기고 있다 할지라도, 두 이론은 수학적으로 똑같은 것이고 그들을 구별할 수 있는 과학적 방법은 없다.

그러나 그 두 이론은 새로운 이론들을 추측하는 일과 관련해서는 심리적인 이유 때문에 전혀 동등하지 않을 수 있다. 왜냐하면 두 이론이 사람들에게 주는 생각은 서로 다르기 때문이다. 이론을 어떤 종류의 틀에 넣음으로써 당신은 무엇을 바꾸어야 하는지 알게 된다. 이를테면 이론 A에서 어떤 것에 관해 어떠한 얘기가 있을 수 있는데, 당신은 그 얘기를 바꾸기로 결정할 것이다.

그러나 그에 대응하는 수정을 하기 위해서 B에서 무엇을 바꾸어야 하는지 알아내는 일은 매우 복잡할 수 있다. 바꾸어야 할 것이 단순한 개념이 전혀 아닌 경우가 있다. 다시 말해서 수정 이전에 두 이론이 동등하다 해도, 한 이론에서는 자연스러운 수정이 다른 이론에서는 부자연스러울 수 있다. 그러므로 우리는 심리학적으로 모든 이론들을 머릿속에 간직해야만 한다. 훌륭한 이론물리학자들은 정확하게 같은 물리학에 대한 예닐곱 개의 다른 이론직 표현을 알고 있다. 물리학자는 이론적 표현들이 모두 동등하다는 것과, 어느 것이 이론적 수준에서 옳은가를 결정할 수 없다는 것을 알고 있지만, 다양한 새로운 추측의 생각들을 얻기를 바라며 그것들을 머릿속에 간직하고 있다.

이것은 이론에 아주 작은 변화가 있을 때 그 이론에 관계되는 철학이나 사상들이 엄청나게 변할 수 있다는 것을 생각나게 한다. 예를 들어 공간과 시간에 대한 뉴턴의 생각은 실험과 매우 일치했다. 그러나 수성 궤도 운동의 아주 작은 차이를 설명하기 위해서 이론은 엄청나게 크게 변해야 했다. 그 이유는 뉴턴의 법칙은 간단하고 완벽하여, 명확한 결과를 주기 때문이다. 약간 다른 결과를 주는 어떤 것을 얻기 위해 뉴턴의 법칙은 완전히 달라져야만 한다. 새로운 법칙을 주장하기 시작할 때, 완벽한 것을 불완전하게 만들 수는 없다. 새로운 법칙을 주장하려면 다른 완벽한 것을 가지고 있어야 한다. 그러므로 뉴턴과 아인슈타인의 중력 이론의 철학적 차이는 엄청나게 크다.

그 철학들은 도대체 무엇인가? 그 철학들은 사실상 결과를 빨리 계산하기 위한 요령이다. 철학은 때때로 법칙의 이해라고 불리기도 하지만, 사실은 단순히 결과를 빨리 추측하기 위해 사람들이 법칙들을 머릿속에 간직하는 방법이다. 누군가가 말한 다음과 같은 얘기는 맥스웰 방정식과 같은 경우에서는 타당하다.

"철학은 걱정 말아라. 그런 종류의 것은 어떤 것도 염려 말아라. 방정식만을 추측하라. 중요한 것은 답을 계산해서 그것이 실험과 일치하는가 확인하는 것뿐이다. 방정식에 대한 철학, 논의, 또는 말들을 하는 것은 필요하지 않다."

당신이 선입견 없이 방정식만을 추측하면 더 잘 추측할 수 있을 것이라는 의미에서 이 말은 옳은 말이다. 그러나 반대로 철학이 여러분의 추측을 도울 수도 있을 것이다. 이 점은 설명하기가 매우 어렵다.

중요한 것은 이론과 실험이 일치하는 것뿐이라고 주장하는 사람들에게 나는 마야의 천문학자와 그의 학생 사이의 상상적인 대화를 이야기하고 싶다. 마야 사람들은 대단히 정확하게 계산된 예측들을 할 수 있었는데, 예를 들면 달의 월식 및 위치, 금성의 위치 등을 예측할 수 있었다. 그것은 모두 산술에 의해 이루어졌다. 그들은 어떤 수를 세기도 하고, 어떤 수를 빼기도 했다. 달이 무엇인가에 대한 논의는 전혀 하지 않았다. 그것이 돌고 있다는 생각조차 전혀 논의되지 않았다. 그들은 월식이 일어날 시간 또는 달이 보름달로 뜰 때 등을 계산했을 뿐이다. 젊은이가 천문학자에게 이렇게 말했다.

"저한테 좋은 생각이 있습니다. 아마 저것들은 돌고 있고, 저 하늘에는 바위 같은 둥근 것들이 있습니다. 우리는 그들이 어떻게 운동하는지를, 어느 시간에 하늘에 나타나는가를 계산하는 것과는 완전히 다른 방법으로 계산할 수 있습니다."

"좋은 생각이구나. 그런데 어떻게 정확하게 월식을 예측할 수 있지?"라고 천문학자는 묻는다. "아직 이론을 거기까지는 발전시키지 못했습니다."라고 학생은 말한다. 그러자 천문학자가 대답한다.

"그래. 네가 네 모형으로 할 수 있는 것보다 우리는 더 정확하게 월식을 계산할 수 있어. 분명히 우리의 수학적 기교가 더 좋기 때문에 너의 생각에는 조금도 유의할 필요가 없어."

세상을 둘러보면 다음과 같은 방식으로 대화가 진행되는 경향이 매우 크다. 누군가가 한 생각을 제안하고 "세계가 이렇다고 가정해봅시다."라고 말하면, 사람들은 그에게 "이러저러한 문제는 어떻게 답할 수 있지요?"라고 묻고, 그는 "나는 내 가정을 아직 충분히 발전시키지 못했습니다."라고 말한다. 그러면 사람들은 "그렇다면 우리가 이미 그것을 훨씬 더 발전시켰군요. 우리는 답을 아주 정확하게 구할 수 있습니다."라고 말한다. 따라서 새 이론에 대한 태도는 생각의 배후에 있는 철학을 고려할지 여부와 관련된 문제가 된다.

연구를 하는 또 하나의 방법은 당연히 새로운 원리를 추측하는 것이다. 아인슈타인의 중력 이론에서 그는 다른 모든 원리들 가운데 최상의 것으로, 힘은 항상 질량에 비례한다는 생각에 대응하는 원리를 추측하였다. 그는 여러분이 가속하고 있는 차 안에 있다면, 여러분은 그 상황을 중력장 안에 있는 상황과 구별할 수 없다는 원리를 추측하였다. 다른 모든 원리들 위에 이 원리를 더하여, 그는 중력의 올바른 법칙들을 이끌어낼 수 있었다.

이것이 수많은 가능한 추측 방법들의 윤곽이다. 이제 나는 마지막 결론과 관련해서 논점을 바꾸고자 한다. 첫째, 우리가 모든 연구를 마쳤을 때, 결과들을 계산할 수 있는 수학적 이론을 갖게 되었을 때, 우리는 무엇을 할 수 있을까? 그것은 실제로 놀라운 것이다. 주어진 상황에서 원자가 어떻게 운동할 것인가를 이해하기 위해 우리는 종이에 표시하면서 규칙들을 만들고, 복잡한 방법으로 열고 닫히는 스위치가 있는 기계를 만들어낸다. 그 결과 우리는 원자의 운동을 알게 된다! 만일 그 스위치들이 열고 닫히는 모습이 일종의 원자 모형이라면, 원자는 속에 스위치들을 가지고 있다고 우리가 생각한다면, 나는 이런 일을 통해서 내가 원자에 대해 무언가 알게 되었다고 말하겠다. 나는 수학으로 무슨 일이 일어날 것인가를 예측하는 것이 가능하다는 것을 매우 놀랍게 생각한다. 수학은 원래의 것에서 일어나는 일과는 아무 상관이 없는 규칙들을 단순히 따르는데도 말이다. 컴퓨터 속에서 스위치가 열리고 닫히는 것은 자연에서 일어나는 일과는 아주 다르다.

이 '추측하기－결과 계산하기－실험과 비교하기' 작업에서 가장 중요한 것 가운데 하나는, 여러분이 옳은지 여부를 아는 것이다. 모든 결과를 검토하기에 앞서 여러분이 올바로 하고 있다는 것을 아는 것은 가능하다. 당신은 아름다움과 단순함으로 진실을 알아볼 수 있다. 여러분이 추측을 하고 두세 번 간단한 계산을 통해 분명히 틀리지 않았음을 확인했으면, 그것이 옳다는 것을 아는 것은 어렵지 않다. 옳다는 결론이 나왔다면, 그것은 확실히 옳다—최소한 당신이 경험을 했다면 그렇다. 왜냐하면 보통은 들어간 것보다 더 많은 것이 나오는 법이기 때문이다. 사실상 당신의 추측은, 무언가가 매우 단순하다는 것이다. 당신이 그 추측이 틀리다는 것을 즉시 알 수 없다면, 그리고 그 추측이 과거의 추측보다 더 단순하다면, 그것은 옳다. 경험이 없는 사람은 간단한 추측을 하지만, 여러분은 그것이 틀리다는 것을 즉시 알 수 있고, 그러므로 그것은 고려할 가치가 없다. 경험 없는 학생은 매우 복잡한 추측들을 한다. 그래서 마치 모두 옳은 것처럼 보이지만, 나는 그것이 참이 아니라는 것을 안다. 왜냐하면 참은 여러분이 생각하는 것보다 항상 더 단순하기 때문이다. 필요한 것은 상상력인데, 그 상상력은 끔찍한 속박 속의 상상력이다. 알려진 모든 것과 일치하면서, 어딘가에서 다른 예측을 내놓는 새로운 관점을 찾아야만 한다. 그렇지 않으면 과학은 흥미 없는 일이다. 그리고 그 세계관은 그 새로운 예측에서 자연과 일치해야만 한다. 이미 관측된 전체 영역에 걸쳐 일치하면서 어딘가에서 일치하지 않는 다른 세계관을 찾을 수 있다면, 여러분은 위대한 발견을 한 것이다. 모든 이론들이 검토된 전 영역에 걸쳐 실험과 일치하면서 어떤 다른 영역에서 다른 결과들을 내놓는 이론을 발견한다는 것은 거의 불가능한 일이지만, 완전히 불가능한 일도 아니다. 그런 이론의 발견은 그 다른 결과들이 자연과 일치하지 않는다 할지라도 대단한 일이 아닐 수 없다. 새로운 생각을 해내기는 지극히 힘들다. 그것은 환상적인 상상력을 요구한다.

이 모험의 미래는 어떻게 될까? 궁극적으로 무엇이 일어날 것인가? 우리는 법칙들을 추측하며 나아간다. 얼마나 많은 법칙들을 추측해야만 할 것인지 나는 모른다. 몇몇 동료들은 과학의 이 기본적인 성격은 계속될 것이라고 말한다. 하지만 나는 영속하는 신비는 확실히 없을 것이라고 생각한다. 이를테면 수천 년이 지난다면 더 이상 추측은 없을지도 모른다. 우리가 끊임없이 새로운 법칙들을 계속해서 더 많이 발견하게 될 수는 없다. 만일 그렇게 된다면 세상이 지루할 것이다. 너무나 많은 수준들이 중첩될 것이다. 나는 미래에 일어날 수 있는 것은 두 가지 중 하나라고 생각한다. 하나는 모든 법칙들이 알려지는 것이다. 즉 여러분이 충분한 법칙들을 알고 있어 결과들을 계산할 수 있고, 그것이 항상 실험과 일치하는 것이다. 이것은 과학의 완결일 것이다. 다른 하나는 실험하기가 더욱더 어려워지고, 더 많은 경비가 들어, 우리는 현상의 99.9%를 얻지만, 방금 발견되었고 측정하기 매우 어렵고 기존 지식과 일치하지 않는 현상들이 항상 있게 되는 것이다. 하나를 설명하자마자 바로 다른 것이 뒤따르게 되어 발견들은 점차 드물어지고 점점 흥미롭지 않게 된다. 이것 역시 가능한 미래의 모습이다. 나는 과학이 두 방법 가운데 하나로 끝나게 될 것이라고 생각한다.

우리가 여전히 발견의 시대에 살고 있다는 것은 큰 행운이다. 그것은 아메리카 대륙의 발견과도 같다. 발견은 단 한 번만 이루어질 수 있다. 우리가 살고 있는 시대는 자연의 근본법칙들을 발견하는 시대이고, 이 시대는 결코 다시 오지 않는다. 이는 매우 흥분되고 놀라운 일이다. 그러나 이 흥분은 지나가야 한다. 물론 미래에는 다른 흥미로운 것들이 있을 것이다. 생물학을 비롯한 한 수준의 현상을 다른 수준과 연결하는 것이 관심사가 될 것이다. 혹은 여러분이 탐험에 관심이 있다면, 현재 우리가 하고 있는 것과 다른 방식으로 행성 탐사가 이루어질 것이다.

또 한 가지 일어나게 될 일은, 결국 모든 것이 알려지고, 그래서 모든 것이 지루해지면, 결국 열정적인 철학과 내가 논한 것들에 대한 세심한 관심이 점차 사라지는 것이다. 항상 주변을 겉돌면서 멍청한 말만 하는 철학자들은 우리에게 다가올 수 있게 될 것이다. 왜냐하면 우리는 “만일 당신이 옳다면, 우리는 나머지 법칙들을 추측할 수 있어야만 해요.”라는 말로 그들을 쫓아낼 수 없을 것이기 때문이다. 법칙들이 모두 밝혀졌으니 철학자들은 설명할 수 있다. 예를 들어 왜 세계가 3차원인가에 대해서 여러 설명이 있어왔다. 그런데 세계는 오직 하나뿐이고, 그래서 그 설명이 옳은지 아닌지를 말하기는 어렵다. 그러므로 모든 것이 알려진다면, 왜 그것들이 올바른 법칙인가에 대한 어떤 설명이 있을 것이다. 그러나 그 설명은, 그런 유형의 추론으로는 우리가 더 나아갈 수 없다고 비판할 수조차 없는 틀 안에 있을 것이다. 사상에도 퇴화가 있을 것이다. 마치 위대한 탐험가가 산에 올라오는 관광객들을 볼 때 느끼는 것과 비슷한 퇴보의 느낌이 있을 것이다.

이 시대의 사람들은 기쁨을 경험하고 있다. 이전에 없었던 새로운 상황에서 자연이 어떻게 작용할 것인가를 추측할 때 얻는 엄청난 기쁨 말이다. 특정 영역에서의 실험과 정보로부터 당신은 이전에 아무도 탐험하지 못한 영역에서 무엇이 일어날 것인가를 추측할 수 있다. 이런 추측은, 발견되지 않은 땅에 관한 충분한 단서를 발견된 땅으로부터 얻을 수 있는 평범한 탐험과 다르다. 또한 이 추측은 흔히 우리가 이미 본 것과는 매우 다르다—그 추측은 많은 사고를 필요로 한다.

자연에 이런 일이 일어나도록 하는 것은 무엇일까? 한 부분으로부터 나머지에서 무엇이 일어날지를 추측하는 것이 가능한 것은 자연이 어떠하기 때문일까? 이것은 비과학적인 질문이다. 이에 어떻게 답해야 할지 나는 모르겠다. 그래서 나는 비과학적으로 답하려 한다. 자연이 단순성을 가지고 있고, 그래서 위대한 아름다움을 가지고 있기 때문이라고.

옮긴이의 말

자연과학에 몸담고 있는 한 사람으로서 요즘 자연과학이 처한 상황을 바라보며 깊은 자괴감에 빠지곤 한다. 날이 갈수록 세상의 영악함 속에 자연의 순수함이 빛을 잃어가는 것 같아 못내 안타깝기만 하다. 하지만 이런 속마음을 아는지 모르는지 자연은 어제나 오늘이나 은은한 미소를 잃지 않고 있다. 오히려 인생의 고비고비마다 삶의 무게로 울고 웃는 우리들이 가여운 듯 자연은 생명과 희망의 노래를 끊임없이 들려주고 있다.

"세상은 아는 것만큼 보인다."고 한다. 파인만 교수의 여러 모습을 통해 우리는 이 말의 깊은 뜻을 온몸으로 느끼며 희열을 맛본다. 파인만과의 만남은 언제나 신선함 그 자체이다. 틀과 형식에 얽매이지 않아 때로는 어린아이와 같은 그의 세계를 훔쳐볼 때마다 스스로 부끄러움에 얼굴을 숨긴다. 본인이 원하든 원치 않든 20세기에 파인만은 물리학자들뿐 아니라 많은 사람들에게 우상이 되었다. 파인만 교수가 떠난 지금도 우린 여전히 그의 세계를 그리워하며 그가 남긴 노래를 읊조리고 있다.

21세기를 맞은 우리는 백마 타고 나타날 초인을 꿈꾼다. 새로운 세기의 너른 평원을 먼지구름으로 뒤덮으며 거침없이 내달릴 초인이 올 날을 목놓아 기다린다. 지금은 아무 볼 것 없는 황량한 벌판이지만 곧 꽃이 피고 새들이 지저귀는 신천지가 될 것임을 자연은 알고 있다. 그날을 준비하라고 우리에게 자연은 조용조용 속삭이고 있다. 그날이 오면 한 사람이 있어 자연의 장단에 춤추고 노래할 것이다. 하지만 우리는 또다시 그 사람을 우상으로 만들지는 않을 것이다. 왜냐하면 그때는 자연의 노래를 목이 터져라 다 함께 부를 것이기 때문이다.

『물리법칙의 특성』을 통해 파인만 교수가 보여준 세계를 함께 즐기게 된 것은 옮긴이에게는 큰 기쁨이었다. 이 기쁨이 이 책을 읽는 모든 이들에게도 그대로 전해지기를 바라는 것은 어쩌면 지나친 일인지도 모르겠다. 비록 읽는 이들이 그 기쁨을 다는 못 느낀다 하더라도 그것은 전적으로 옮긴이의 부족함 때문이다. 파인만 교수에게 누가 되지 않을까 부끄러울 따름이다. 그 부끄러움도 사실 받은 기쁨에 비하면 충분히 감내할 가치가 있을 뿐임에 감사한다.

강릉에서

안동완

옮긴이 안동완

고려대학교 물리학과 및 동대학원을 졸업한 후 한국원자력연구소 연구원으로 근무하다 1990년 조지아 공과대학에서 이학박사 학위를 받았다. 현재 강릉원주대학교 자연과학대학 물리학과 교수로 재직 중이다. 저서로 『일반물리학』『양자역학』『물리학』 등이 있으며, 『투바 : 리처드 파인만의 마지막 여행』을 우리말로 옮겼다.

물리법칙의 특성

초판 1쇄 2003년 10월 18일
개정판 1쇄 2016년 1월 8일
개정판 6쇄 2024년 11월 1일

지은이 리처드 파인만
옮긴이 안동완
펴낸이 김정순
마케팅 이보민 양혜림 손아영

펴낸곳 (주)북하우스 퍼블리셔스
출판등록 1997년 9월 23일 제406-2003-055호
주소 04043 서울시 마포구 양화로 12길 16-9(서교동 북앤빌딩)
전자우편 henamu@hotmail.com
홈페이지 www.bookhouse.co.kr
전화번호 02-3144-3123
팩스 02-3144-3121

ISBN 978-89-5605-486-5 03420

해나무는 (주)북하우스 퍼블리셔스의 과학 브랜드입니다.